Online bewerben
für Dummies

Online bewerben für Dummies - Schummelseite

Online bewerben ist ganz einfach

✔ Fragen Sie bei Ihrem potenziellen Arbeitgeber nach, in welchem Format er Ihre Online-Bewerbung haben möchte, sofern keine konkreten Angaben im Stellenangebot enthalten sind. So vermeiden Sie, dass Ihre Online-Bewerbung aufgrund ihres Formats und der Größe von Ihrem potenziellen Arbeitgeber womöglich nicht geöffnet werden kann oder sogar postwendend im Spam-Ordner des Firmenservers landet.

✔ Bei Ihrer Bewerbung per E-Mail können Sie gegebenenfalls in Ihrem Mailprogramm die Empfangsbestätigung aktivieren, damit Sie eine entsprechende Mitteilung bekommen, dass Ihre Bewerbung auf dem Mailserver Ihres potenziellen neuen Arbeitgebers angekommen ist.

✔ Anlagen wie Lebenslauf, Arbeitszeugnisse, Weiterbildungsnachweise und Schulzeugnisse lassen sich ganz unkompliziert in Ihrer Bewerbung per E-Mail im Anhang mit senden. Senden Sie aber nicht die eingescannten Dokumente als separate Dateien, sondern führen Sie die Dokumente in der chronologisch richtigen Reihenfolge in einer einzigen PDF-Datei zusammen und fügen Sie diese PDF-Datei als Anlage Ihrer Bewerbungsmail bei. Ihr potenzieller Arbeitgeber freut sich, wenn er nur ein einziges Dokument öffnen muss!

✔ Geben Sie niemals Ihre berufliche E-Mail-Adresse als Kontaktadresse an. Nimmt Ihr Wunscharbeitgeber per E-Mail Kontakt mit Ihnen auf, kann es durchaus passieren, dass Ihre Kollegen oder sogar Ihr Chef diese E-Mail lesen.

✔ Wenn Sie sich auf den Karriereseiten Ihres Wunscharbeitgebers registrieren, verwenden Sie den Inhalt Ihres Anschreibens, um unter »Warum ich mich bei Ihnen bewerbe« kurz und prägnant Ihre Qualifikationen und damit Ihren Nutzen für Ihren potenziellen Arbeitgeber auf einen Blick zu präsentieren.

✔ Beschränken Sie sich bei Ihrer Registrierung auf den Karriereseiten Ihres Wunscharbeitgebers auf die für Ihren angestrebten Job wichtigen Informationen und verweisen Sie unter »Sonstiges« darauf, Ihr weiteres Potenzial gerne in einem persönlichen Gespräch abzugleichen.

✔ Achten Sie auf ein seriöses Profil, wenn Sie sich bei Business-Plattformen wie zum Beispiel XING registrieren. Urlaubsfotos oder Bilder, die Sie in kompromittierenden Situationen zeigen, haben in Ihrem Profil nichts verloren. Hier ist Ihr professionelles Bewerbungsfoto gefragt, mit dem Sie gekonnt Werbung in eigener Sache machen.

✔ Ihre eigene Stellenanzeige im Internet ist Ihre Visitenkarte. Achten Sie genau auf Ihre Formulierungen und vermeiden Sie Übertreibungen. Gefragt ist Ihr Wissen und Können. Wenn Sie anonym auf Jobsuche gehen möchten, denken Sie daran, Ihr Stellengesuch unter Chiffre zu inserieren!

✔ Sie müssen nicht ewig auf eine Antwort Ihres potenziellen Arbeitgebers warten. Sie dürfen gern selbst aktiv werden. Rufen Sie ihn an. Nicht spontan! Überlegen Sie in aller Ruhe, was Sie ihn fragen wollen. Dann erst greifen Sie zum Hörer.

✔ Erschrecken Sie nicht, wenn Sie von Ihrem potenziellen Arbeitgeber angerufen werden. Bereiten Sie sich darauf vor! Überlegen Sie, was Ihren potenziellen Arbeitgeber alles interessieren könnte. Formulieren Sie Ihre Antworten auf diese hypothetischen Fragen. Je intensiver Sie sich mit einem möglichen Anruf Ihres potenziellen Arbeitgebers auseinandersetzen, desto entspannter werden Sie im Falle des Falles reagieren.

Auf Ihre Online-Bewerbung und die Nachfassaktion werden Sie intensiv mit den Kapiteln 6, 7, 8, 12 und 13 vorbereitet.

Online bewerben für Dummies - Schummelseite

Zehn wichtige Tipps für Ihre Online-Bewerbung

✔ Online-Stellenangebote gibt es viele. Damit Sie nicht allzu lange nach Ihrem Traumjob suchen müssen, gehen Sie systematisch vor. Nutzen Sie detaillierte Suchkriterien wie zum Beispiel Beruf, Berufsfelder, Branchen, Unternehmen und Ortsangaben bis hin zu Vertragsarten. Je konkreter Ihre Angaben sind, desto schneller können Sie Ihren Traumjob online finden.

✔ Ohne gute Vorbereitung funktioniert Online-Bewerben nicht! Analysieren Sie jedes Stellenangebot, auf das Sie sich bewerben wollen, gründlich. Gleichen Sie alle fachlichen Anforderungen des Jobangebots mit Ihren beruflichen Qualifikationen ab. Notieren Sie anschließend alle im Stellenangebot formulierten persönlichen Anforderungen. Stimmen Ihre persönlichen Eigenschaften mit den Anforderungen ebenso überein wie Ihre fachlichen Qualifikationen, lohnt sich Ihre Online-Bewerbung.

✔ Für Ihre qualifizierte Online-Bewerbung benötigen Sie die gleichen Bewerbungsunterlagen wie bei einer klassischen Bewerbung per Post. Die richtige Reihenfolge Ihrer Bewerbungsunterlagen ist auch bei einer Online-Bewerbung wichtig: Anschreiben, Lebenslauf, Zeugnisse und sonstige Anlagen müssen übersichtlich und chronologisch geordnet sein.

✔ Ihr Bewerbungsfoto kann aufgrund des Allgemeinen Gleichbehandlungsgesetzes (AGG) von Ihrem potenziellen Arbeitgeber nicht mehr gefordert werden. Aber niemand verbietet Ihnen, mit Ihrem professionellen Bewerbungsfoto einen sympathischen Eindruck bei Ihrem Wuncharbeitgeber zu hinterlassen.

✔ Arbeiten Sie Ihr Anschreiben und Ihren Lebenslauf immer als Dokumente in einem Textverarbeitungsprogramm (zum Beispiel Word) aus. Nutzen Sie diese Textverarbeitungsdokumente als Vorlagen für Ihre Online-Bewerbung. So können Sie Anschreiben und Lebenslauf jederzeit individuell auf interessante Stellenangebote anpassen.

✔ Das A und O Ihrer Online-Bewerbung ist Ihr Anschreiben. Ihr potenzieller Arbeitgeber muss auf den ersten Blick erkennen, dass Sie der richtige Kandidat für die angebotene Stelle sind. Nutzen Sie das AIDA-Prinzip (Attention – Interest – Desire – Action; Aufmerksamkeit – Interesse – Verlangen – Handlung), um das Interesse Ihres potenziellen Arbeitgebers zu wecken. Bringen Sie Ihre fachlichen und persönlichen Qualifikationen mit wenigen aussagekräftigen Sätzen auf den Punkt – Ihr potenzieller zukünftiger Arbeitgeber will wissen, welchen Nutzen Sie ihm und seiner Firma bringen.

✔ Gestalten Sie Ihren Lebenslauf übersichtlich und achten Sie auf die zeitlich korrekte Reihenfolge. Beschreiben Sie Ihre berufliche Entwicklung ausführlich. Ihr potenzieller Arbeitgeber muss erkennen können, dass Ihre berufliche Entwicklung mit den von Ihnen in Ihrem Anschreiben formulierten fachlichen Qualifikationen übereinstimmt und Sie der Topkandidat für die offene Stelle sind.

✔ Den »Standardlebenslauf« für alle Jobangebote gibt es auch beim Online-Bewerben nicht! Ihre Qualifikationen müssen zu den jeweiligen Anforderungen des Jobangebots passen. Analysieren Sie Jobangebote sorgfältig und gleichen Sie Ihre fachlichen und persönlichen Qualifikationen mit den Anforderungen des Jobangebots ab.

✔ Ihre persönlichen Botschaften gehören auf die sogenannte Dritte Seite: »Was Sie sonst noch über mich wissen sollten …«. Hier können Sie insbesondere Ihre persönlichen Qualifikationen ausführlich beschreiben, Ihre Berufswahl begründen, aus Ihrer Sicht wichtige Entwicklungsstationen in Ihrem Leben erläutern etc. Ihre Dritte Seite eignet sich auch hervorragend für Ihre Bewerber-Website.

✔ Vergessen Sie nicht, Ihre Online-Bewerbung eingehend Korrektur zu lesen. Gutes Deutsch, korrekte Rechtschreibung, einwandfreie Grammatik und richtige Zeichensetzung sollten selbstverständlich sein.

Wie Sie Ihre schriftlichen Bewerbungsunterlagen ausarbeiten und für den Online-Versand aufbereiten, erfahren Sie in den Kapiteln 4, 5, 9, 10 und 11.

Andrea Schimbeno

Online bewerben für Dummies

WILEY-VCH Verlag GmbH & Co. KGaA

Bibliografische Information der Deutschen Nationalbibliothek
Die Deutsche Nationalbibliothek verzeichnet diese Publikation
in der Deutschen Nationalbibliografie; detaillierte bibliografische
Daten sind im Internet über http://dnb.d-nb.de abrufbar.

1. Auflage 2009

© 2009 WILEY-VCH Verlag GmbH & Co. KGaA, Weinheim

Das vorliegende Werk wurde sorgfältig erarbeitet. Dennoch übernehmen Autorin und Verlag für die Richtigkeit von Angaben, Hinweisen und Ratschlägen sowie für eventuelle Druckfehler keine Haftung.

Printed in Germany

Gedruckt auf säurefreiem Papier

Korrektur   Frauke Wilkens, München
Satz   Conrad und Lieselotte Neumann, München
Druck und Bindung   M.P. Media-Print Informationstechnologie, Paderborn
Cover-Illustration   © DPix Center – Fotolia.com

ISBN 978-3-527-70539-9

Über die Autorin

Andrea Schimbeno bereitet seit vielen Jahren an der Fachhochschule in Ludwigshafen am Rhein im Rahmen ihres Lehrauftrags Studierende mit gezielten Bewerbertrainings auf unterschiedliche Bewerberauswahlverfahren vor. Aufgrund der in den Bewerberworkshops und selbst durchgeführten Assessment-Center gesammelten Erfahrungen hat sich die Autorin auf kreative Jobsuche mit ideenreichen Bewerbungsstrategien spezialisiert.

Online-Bewerben ist inzwischen Standard in Bewerbungsprozessen. Die Intention der Autorin ist es, Jobsuchende so praxisorientiert wie nur möglich auf ihre eigene Online-Bewerbung vorzubreiten. Deshalb hat die Autorin großen Wert auf klare Bewerbungsstrukturen gelegt, die mit zahlreichen praktischen Beispielen untermauert werden.

Ihr erstes Buch *Erfolgreich bewerben für Dummies* wurde 2008 von der Stiftung Warentest mit dem Prädikat »Empfehlenswert« ausgezeichnet.

Sie sehen, Sie sind in besten Händen!

Cartoons im Überblick

von Rich Tennant

Seite 21

Seite 65

Seite 137

Seite 183

Seite 203

© The 5th Wave
www.the5thwave.com
E-Mail: rich@the5thwave.com

Inhaltsverzeichnis

Einführung

Online-Bewerbungen sind brandaktuell und werden immer beliebter. Firmen nutzen Online-Stellenanzeigen, um unkompliziert und schnell potenzielle Kandidaten zu finden – ohne sich mit der lästigen Papierflut und langen Postlaufzeiten herumärgern zu müssen. Und Bewerber schätzen es, dass sie jederzeit nach ihrem Traumjob suchen und sich auf einfachen Wegen bewerben können. Aber welches Buch nimmt Sie schon an der Hand und zeigt Ihnen Schritt für Schritt, was alles zum richtigen »Online-Bewerben« dazugehört?

Über dieses Buch

Dieses Buch erklärt Ihnen, wie »online bewerben« funktioniert. Es ist kein trockener Ratgeber, der Sie mit Fachbegriffen zuschüttet und Ihnen »den einzig richtigen Weg zur erfolgreichen Bewerbung« zeigt.

Dieses Buch ist praxisorientiert und führt Sie sukzessive an Ihre Online-Bewerbungen heran. Sie erhalten wertvolle Tipps und Orientierungshilfen. Manches werden Sie annehmen und umsetzen, anderes auch mal mit einem »das kommt für mich nicht infrage« ad acta legen. Wie Sie während Ihres Online-Bewerbungsprozesses vorgehen wollen, ist Ihre ganz persönliche Entscheidung. Ich würde mich freuen, wenn Sie sich mithilfe dieses Buches neue Strategien bei Ihren Online-Bewerbungen überlegen und sogar ausprobieren. Sie dürfen durchaus kreativ werden. Sie werden überrascht sein, wie abwechslungsreich und vielseitig Online-Bewerben ist!

Törichte Annahmen über den Leser

Online bewerben für Dummies ist für ein breites Publikum geschrieben, von dem ich konkrete Vorstellungen habe. Deshalb gehe ich davon aus, dass einige der folgenden Aussagen auf Sie zutreffen:

✔ Sie werden demnächst Ihre Ausbildung beenden, wissen, dass Sie von Ihrem Ausbildungsbetrieb nicht in ein festes Angestelltenverhältnis übernommen werden, und wollen sich deshalb frühzeitig nach einem neuen Job umsehen. Sie haben allerdings keine Lust, sich durch die Masse an Bewerbungsliteratur zu quälen, sondern wollen klare und einfache Hilfestellungen, wie Sie am besten vorgehen.

✔ Ihr Studium neigt sich dem Ende zu und Sie suchen einen Arbeitsplatz, bei dem Sie Ihre Qualifikationen optimal einsetzen können. Sie sind es zwar gewohnt, am Computer zu arbeiten, haben aber keinerlei Erfahrung mit Online-Bewerbungen und suchen jetzt einen übersichtlichen und leicht verständlichen Bewerbungsratgeber, um Ihre Online-Bewerbungsstrategie zu entwickeln.

✔ Sie sind ein »Job-Hopper«, der alle drei bis fünf Jahre ein neues Betätigungsfeld anstrebt und ein Nachschlagewerk für Online-Bewerbungen braucht, das auch in den kommenden Jahren noch die richtigen Tipps parat hat.

✔ Sie stehen schon eine ganze Weile mit beiden Beinen im Berufsleben, aber Ihr jetziger Job macht Ihnen absolut keinen Spaß mehr. Sie wollen sich verändern und wünschen sich einen leicht verständlichen Ratgeber, der Ihnen zeigt, wie unkompliziert Online-Bewerben funktioniert.

Konventionen in diesem Buch

Online bewerben für Dummies richtet sich sowohl an weibliche als auch an männliche Leser. Der besseren Lesbarkeit willen habe ich allerdings überwiegend die männliche Form bestimmter Begriffe verwendet, was als geschlechtsneutrale Formulierungen verstanden werden sollte; ich meine damit jeweils sowohl die männliche als auch die weibliche Form des betreffenden Begriffs. Wenn Sie also durchweg »nur« als *der Bewerber* angesprochen werden, ist das nicht als Wertung oder gar für Sie, liebe Leserinnen, als Benachteiligung im Sinne des Allgemeinen Gleichbehandlungsgesetzes.

Dieses Buch ist eine Orientierungshilfe, damit Sie sich während Ihres Online-Bewerbungsprozesses einfach und unkompliziert zurechtfinden. Damit Sie dieses Buch auch als praktisches Nachschlagewerk nutzen können, beachten Sie bitte folgende Besonderheiten:

✔ *Kursivdruck* benutze ich, um wichtige Aussagen hervorzuheben und Sie auf konkrete Begriffe aufmerksam zu machen, die anschließend erläutert werden.

✔ **Fett gedruckte Wörter** sind Signalwörter in gegliederten Aufzählungen.

✔ `Nichtproportionale Schrift` wird zur Kennzeichnung von Webadressen und E-Mail-Adressen verwendet.

✔ KAPITÄLCHEN kennzeichnen Befehlsfolgen und andere Oberflächenelemente in den beschriebenen Programmen.

✔ Checklisten erhalten Sie immer dann, wenn Analysen angesagt sind, damit Sie am Ende Ihrer Analyse einen übersichtlichen Vergleich haben. Die Checklisten und Muster finden Sie als Download auf der Begleitseite des Buches (`http://www.wiley-vch.de/publish/ dt/books/ISBN978-3-527-70539-9`).

Was Sie nicht lesen müssen

Sie müssen dieses Buch nicht von der ersten bis zur letzten Seite lesen. Sie entscheiden, was Sie interessiert und was Sie lesen. Es ist allerdings wenig sinnvoll, innerhalb eines Kapitels »springen« zu wollen und einzelne Abschnitte nicht zu beachten, denn jedes Kapitel ist in sich logisch aufgebaut und führt Sie schrittweise von einem Thema zum nächsten. Deshalb ist es für das Verständnis wichtig, einzelne Kapitel komplett zu lesen.

Wie dieses Buch aufgebaut ist

Dieses Buch besteht aus fünf Teilen, die in einzelne Kapitel zu verschiedenen Themen gegliedert sind. Die Kapitel sind in sich abgeschlossene Einheiten, sodass Sie sich nicht von Kapitel zu Kapitel arbeiten müssen, sondern selbst die Reihenfolge bestimmen können, in der Sie die Kapitel lesen. Damit Ihnen auch nichts entgeht, enthalten die Kapitel immer mal wieder Querverweise zu anderen Kapiteln, die den gerade angesprochenen Aspekt intensiver behandeln.

Teil I: Gute Vorbereitung ist wichtig

Teil I umfasst die Kapitel eins bis drei. Diese drei Kapitel bilden die Grundlage für Ihre Online-Bewerbung. Kapitel 1 zeigt Ihnen, wo Sie derzeit beruflich stehen und welche Optionen Sie haben. Sie lernen, wie entscheidend Ihre eigene Vorbereitung für den Verlauf Ihres Bewerbungsprozess ist. Sie werden sich also erst einmal mit sich selbst befassen, bevor Sie nach einem ganz konkreten Job greifen dürfen. Kapitel 2 gibt Ihnen einen Überblick, wo Sie Ihren Traumjob online finden können. Wie diese Jobs aussehen und was sich alles hinter vielen schönen Worten verbergen kann, erklärt Ihnen Kapitel 3.

Teil II: Online-Bewerben leicht gemacht

Fünf Kapitel zeigen Ihnen, wie vielseitig Online-Bewerben ist. In Kapitel 4 lernen Sie, wie Sie Ihre Bewerbungsunterlagen so aufbereiten, dass Sie sie einfach online versenden können. In Kapitel 5 erfahren Sie, wie Sie sich per E-Mail bewerben – ohne im Spam-Ordner Ihres potenziellen Arbeitgebers zu landen. Kapitel 6 erklärt Ihnen, wie Sie beim Ausfüllen standardisierter Online-Bewerbungsformulare vorgehen. Ein weiteres Kapitel führt Sie in die Geheimnisse der Online-Bewerbung auf Firmen-Websites ein und schließlich lernen Sie, wie und wo Sie wirkungsvoll »Werbung in eigener Sache« online machen.

Teil III: Aufbereiten Ihrer schriftlichen Unterlagen

Jetzt kommt Arbeit auf Sie zu! Die Kapitel 9, 10 und 11 erklären Ihnen, was alles zu Ihren schriftlichen Bewerbungsunterlagen gehört oder auch mal weggelassen werden sollte. Detailliert wird auf Ihr Anschreiben und Ihren Lebenslauf eingegangen, weil beides ausschlaggebend ist, wenn ein potenzieller Arbeitgeber seine Vorauswahl trifft und entscheidet, ob er Sie kennenlernen möchte. Zusätzlich erfahren Sie alles Wichtige über Zeugnisse.

Teil IV: Die Rückmeldung zu Ihrer Bewerbung

Ein noch immer unterschätztes Thema wird in zwei Kapiteln besprochen. Sie erfahren, wann der richtige Zeitpunkt zum Nachfragen gekommen ist und wie Sie sich am Telefon geschickt verhalten, wenn Ihr potenzieller Arbeitgeber Sie überraschend anruft und Sie in die Mangel nimmt.

Teil V: Der Top-Ten-Teil

Der letzte Teil dieses Buches hält jede Menge nützlicher Tipps für Sie bereit und sorgt dafür, dass Sie so manches Fettnäpfchen elegant umschiffen. Sie bekommen Informationen, was alles für Ihre Online-Bewerbung im Ausland erforderlich ist, und erhalten einen Überblick über Adressen für Ihre Online-Jobsuche.

Symbole, die in diesem Buch verwendet werden

Dieses Buch arbeitet mit Symbolen, die Ihnen nützliche Hinweise geben:

Dieses Symbol präsentiert Ihnen Ideen und Tipps und erklärt Ihnen, wie Sie sie in der Praxis umsetzen können.

Wie das Symbol schon zeigt, kommt hier eine Warnung: Vermeiden Sie diese Dinge bei Ihrer Bewerbung.

Dieses Symbol signalisiert einen Gedanken, den Sie für Ihre Bewerbungsstrategie im Hinterkopf behalten sollten.

Dieses Symbol steht bei allen Checklisten und Mustern, die Sie als Download auf der Begleitseite des Buches unter `http://www.wiley-vch.de/publish/dt/books/` `ISBN978-3-527-70539-9` finden.

Wie es weitergeht

Das liegt nun ganz bei Ihnen. Sie können Kapitel für Kapitel lesen oder nur die Kapitel zurate ziehen, die Sie interessieren. Eine Bitte habe ich allerdings an Sie: Starten Sie mit den Kapiteln 1, 2 und 3, weil hier die Grundlagen für cleveres Online-Bewerben gelegt werden.

Und jetzt: Viel Spaß beim Lesen!

Teil I

Gute Vorbereitung ist wichtig

The 5th Wave
By Rich Tennant

»Oh wow, diese Tankstelle mit Autowaschanlage hat wirklich eine interaktive Stellenanzeige geschaltet.«

In diesem Teil ... erarbeiten Sie sich Ihr Persönlichkeitsprofil. Checklisten geben Ihnen Aufschluss über Ihre Stärken und Schwächen und Sie bekommen einen Überblick über Ihre fachlichen und persönlichen Qualifikationen.

Sie lernen den vielfältigen Internet-Stellenmarkt kennen und erfahren, wo Sie den passenden Job finden. Damit Sie sicher sein können, dass Sie sich für den richtigen Job entschieden haben und sich Ihre Bewerbung lohnt, bekommen Sie einen praktischen Leitfaden, um Jobangebote richtig auszuwerten.

Wissen Sie, was Sie wollen?

In diesem Kapitel

▷ Wissen Sie wirklich wer Sie sind?

▷ Erfahren Sie, wo Ihre persönlichen Stärken liegen

▷ Lernen Sie nicht nur Ihre beruflichen Qualifikationen kennen

K lar wissen Sie, was Sie wollen: einen neuen Job und zwar möglichst schnell. So weit, so gut. Können Sie mir auch sagen, welche Anforderungen Sie an Ihren Traumjob haben? Sind Sie überzeugt, dass Ihr Traumjob wirklich der einzig richtige Job für Sie ist? Haben Sie schon einmal mit dem Gedanken gespielt, sich beruflich neu zu orientieren? Wenn nicht, wird es Zeit, dass Sie sich über all Ihre Fähigkeiten und Ihr Können klar werden. Bevor Sie sich in Ihre Bewerbung stürzen, Lebenslauf und Anschreiben verfassen, sich durch Online-Bewerbungsformulare kämpfen, nehmen Sie sich Zeit und arbeiten Sie dieses Kapitel durch. Sie werden sich wundern, was Sie so alles über sich entdecken!

Das sind Sie: Ihr Persönlichkeitsprofil

Bevor Sie sich auf die Suche nach Ihrem Traumjob machen, ist es wichtig, dass Sie sich selbst besser kennenlernen. Es gibt Dinge, die Sie nicht leiden können und die Ihren Job zum Alptraum werden lassen, wenn Sie sich Tag für Tag damit auseinandersetzen müssen. Genauso gibt es Dinge, die wichtig sind, damit Sie sich in Ihrem Job wohlfühlen und die Sie beflügeln, Ihre Kreativität steigern und Sie erfolgreich machen.

Wenn Sie wissen, was Sie nicht ausstehen können, und genauso, was für Sie im Job lebensnotwendig ist, werden Sie ein Stellenangebot mit ganz anderen Augen betrachten. Es kann durchaus sein, dass Sie manches Angebot schneller in den Papierkorb werfen als gedacht. Schauen wir uns erst einmal an, was Sie so richtig motiviert.

Das machen Sie gerne

Schlafen, Faulenzen, Sport. Das machen Sie leidenschaftlich gerne. Schön für Sie. Aber das ist jetzt vollkommen unwichtig. Nehmen Sie sich ein Blatt Papier. Notieren Sie als Überschrift: *Das mache ich in meinem Beruf gerne* und legen Sie los! Schreiben Sie alles auf, was Ihnen spontan einfällt, zum Beispiel:

✔ Telefonieren

✔ Mit Menschen kommunizieren

✔ Organisieren

✔ Selbstständig arbeiten

✔ Präsentationen erstellen

✔ Zahlen analysieren

✔ An Projekten arbeiten

✔ Im Team arbeiten

✔ Strategien entwerfen

✔ Teams leiten

✔ und so weiter

 Füllt sich Ihr Blatt? Nein? Warum nicht? Sie haben Schwierigkeiten, den Überblick zu bekommen, ob und was Ihnen so viel Spaß macht? Die folgende Checkliste hilft Ihnen. Nehmen Sie die Aussagen in der ersten Spalte und bewerten Sie diese ehrlich mit »Ja«, »Manchmal«, »Eher nicht«, »Nein«:

Langsam wird Ihnen klar, was in Ihrem Job für Sie wichtig ist. Dann habe ich eine weitere Frage an Sie: Wie muss Ihr Arbeitsplatz aussehen, damit Sie sich wohlfühlen? Setzen Sie Ihre Checkliste fort: Schreiben Sie alles auf, was Ihnen rund um Ihren Arbeitsplatz einfällt, zum Beispiel:

✔ Brauchen Sie ein Einzelzimmer oder arbeiten Sie lieber in einem Großraumbüro?

✔ Welche technische Ausstattung brauchen Sie?

✔ Mögen Sie kahle Wände oder müssen Bilder her, damit Sie sich wohlfühlen?

Das mache ich gerne	Ja	Manch-mal	Eher nicht	Nein
Bei meiner täglichen Arbeit bevorzuge ich:			✗	
• Delegieren				
• Organisieren	✗			
• Planen	✗			
• Probleme lösen	✗			
• Ziele setzen				✗
• Präsentieren		✗		
• Gespräche moderieren				✗
• Selbstständiges Arbeiten	✗			
• Teamarbeit	✗			

Das mache ich gerne	Ja	Manch-mal	Eher nicht	Nein
Bei meiner Arbeit ist mir wichtig:				
• Abwechslung	X			
• Routine	X			
• Flexibilität		X		
• Eigeninitiative	X			
• Richtlinientreue		X		
• Das Gestalten von Arbeitsvorgängen		X		
• Das Abarbeiten von Aufgaben		X		
• Kreativität	X			
• Kontrolle				X
• Dass ich ständig unterwegs sein kann				X
• Dass ich einen festen Büroplatz habe	X			
Von Kollegen erwarte ich:				
• Offene Kommunikation	X			
• Vertrauen	X			
• Loyalität	X			
• Integration	X			
• Kritik	X			
• Lob	X			
• Kooperationsbereitschaft	X			
• Motivation	X			
Kollegen interessieren mich nicht				X
Von meinem Chef erwarte ich:				
• Respekt	X			
• Vertrauen	X			
• Loyalität	X			
• Motivation	X			
• Überzeugungskraft		X		
• Konfliktmanagement		X		
• Anerkennung		X		
• Kritik unter vier Augen	X			
• Flexibilität	X			
• Finanzielle Förderung			X	
• Persönliche Förderung		X		
• Berufliche Perspektiven		X		
Ich brauche keinen Chef				X

Das mache ich gerne	Ja	Manch-mal	Eher nicht	Nein
Meine besondere Stärke ist mein/meine				
• Kommunikationsfähigkeit		X		
• Offenheit		X		
• Gewissenhaftigkeit	X			
• Belastbarkeit	X			
• Stressresistenz				X
• Kooperationsbereitschaft		X		
• Überzeugungskraft				X
• Empathie		X		
• Selbstmotivation	X			
• Selbststeuerung				
• Verantwortungsbewusstsein	X			
• Flexibilität	X			
• Interesse an anderen Kulturen	X			

Wie wäre es, wenn Sie sich auch für Ihren optimalen Arbeitsplatz eine übersichtliche Checkliste erarbeiten? Die kann zum Beispiel so aussehen:

Mein Arbeitsplatz	Das brauche ich	Das brauche ich nicht
Großraumbüro		X
Zweier- oder Dreier-Büro	X	
Einzelbüro		X
Großer Schreibtisch	X	
Ergonomisch bequemer Arbeitsstuhl	X	
PC-Bildschirm, mindestens 17 Zoll	X	
Notebook		X
Moderne Computertechnik	X	
Drucker	X	
Multifunktionsgerät (Farb-/Schwarz-Weiß-Drucker + integrierter Scanner)		
Kopiergerät	X	
Faxgerät	X	

Mein Arbeitsplatz	Das brauche ich	Das brauche ich nicht
Telefon	X	
Headset für das Telefon		X
Helles Büro mit zu öffnenden Fenstern	X	
Klimaanlage (eventuell ohne zu öffnende Fenster)		X
Bilder an den Wänden	X	
Kaffee- oder Tee-Automat in meinem Büro		X

Je länger und detaillierter Ihre Checkliste wird, desto besser kennen Sie alle Wohlfühlaspekte, die für Sie in Ihrem Job eine Rolle spielen. Natürlich ist es im Job wie im wirklichen Leben: Wo eine Sonnenseite ist, gibt es auch Schatten. Überlegen Sie, was so alles für Sie das totale No-go im Job ist.

Alles, was für Sie nicht infrage kommt

Aus der Checkliste, die Sie gerade abgearbeitet haben, wissen Sie eine ganze Menge darüber, was für Sie nicht infrage kommt. Alles, was Sie mit einem eindeutigen Nein beantwortet haben, ist für Sie ein ein K.o.-Kriterium in Ihrem Job. Sie wissen aber nur zu gut, dass Sie sich in jedem Job arrangieren müssen. Ein Nein zu Ihrem Traumjob kann nicht von einem einzigen K.o.-Kriterium abhängig sein. Schreiben Sie jetzt alle Aussagen, die Sie mit Nein beantwortet haben, aus der Checkliste untereinander auf ein weiteres Blatt Papier, das die Überschrift *Das kommt für mich nicht infrage* erhält. So bekommen Sie einen Überblick über alle Störfaktoren, die Sie in Ihrem Job negativ beeinflussen können. Fällt Ihnen noch mehr ein, was Sie in Ihrem neuen Job nicht gebrauchen können? Zum Beispiel:

✔ Lange Fahrtzeiten

✔ Schlechtes Betriebsklima

✔ Ständige strukturelle Veränderungen innerhalb eines Betriebs

✔ Starre Hierarchien

✔ Oberflächlichkeiten

Es kann sein, dass Ihre Liste hier kürzer ist als bei den Dingen, die Sie gerne mögen, es kann aber auch umgekehrt sein. Wenn Sie beide Listen vor sich liegen haben, machen Sie nochmals eine Bewertung und halten fest:

✔ Was unbedingt in Ihrem neuen Job vorhanden sein muss,

✔ womit Sie gar nicht leben können und

✔ womit Sie sich arrangieren können.

Sie wissen, wie das geht: Ein neues Blatt Papier mit den eben beschriebenen drei Spalten und darunter Ihre Eintragungen. Das sieht dann ungefähr so aus:

Das muss sein	Das darf absolut nicht sein	Damit kann ich leben
Selbstständiges Arbeiten	Starre, feste Arbeitszeiten	Weniger Urlaubsanspruch als bisher
Wechselnde Aufgaben-gebiete	Permanente Kontrolle durch meinen Vorgesetzten und Zahlendruck	Keine betriebliche Alters-vorsorge

Sie haben sich schon intensiv mit Ihrem zukünftigen Arbeitsplatz auseinandergesetzt. Mal sehen, was Sie noch berücksichtigen sollten.

Ihre fachlichen Qualifikationen

Sie haben einen Beruf erlernt oder Ihr Studium abgeschlossen. Also verfügen Sie über Know-how. Machen Sie Werbung damit! Je mehr Sie Ihren potenziellen Arbeitgeber von Ihrem Wissen und Können überzeugen können, desto sicherer bekommen Sie den Job. Also nehmen Sie ein neues Blatt Papier mit der Überschrift _Meine fachlichen Qualifikationen_ und tragen Sie alles ein, was Sie an Weiterbildung in Ihrem Beruf gemacht haben, zum Beispiel:

✔ **Auslandsaufenthalte:** In welchem Land, an welcher Uni, bei welchem Unternehmen, wie lange, was war Ihr Job, welche Zeugnisse haben Sie darüber?

✔ **Ein Vollzeitstudium:** An welcher Fakultät – Fachhochschule oder Universität –, wie lautet Ihr Studiengang, welchen Abschluss haben Sie?

✔ **Ein berufsintegriertes Studium:** An welcher Fakultät – Fachhochschule oder Universität –, wie lautet Ihr Studiengang, welchen Abschluss haben Sie?

✔ **Praktika:** Wo, in welchen Unternehmen, wie lange, gibt es Zeugnisse?

✔ **Volontariate:** Wo, in welchen Unternehmen, wie lange, gibt es Zeugnisse?

✔ **Externe Weiterbildungen:** Bei der Industrie- und Handelskammer, der Handwerkskammer, Volkshochschulen oder sonstigen Einrichtungen, welchen Abschluss haben Sie, gibt es Nachweise?

✔ **Interne Weiterbildungsmaßnahmen:** Seminare, Mitarbeiterschulungen, welche Nachweise haben Sie?

Gerade bei der externen und internen Weiterbildung ist für Ihren potenziellen neuen Arbeitgeber interessant, ob Sie eine _Anpassungs- oder Aufstiegsweiterbildungsmaßnahme_ gemacht haben:

✔ Bei einer Anpassungsfortbildung haben Sie sich über die Veränderungen, die es in Ihrem Beruf gibt, informiert und Ihr Können und Wissen auf den neuesten Stand gebracht.

✔ Bei einer Aufstiegsfortbildung haben Sie den nächsten Karriereschritt vollzogen und sich zum Beispiel vom Facharbeiter zum Meister weiterentwickelt.

Zusatzqualifikationen können eine Rolle spielen

Ihr Blatt, auf dem Ihre fachlichen Qualifikationen stehen, bekommt eine zweite Spalte mit der Überschrift _Meine Zusatzqualifikationen._ Ihre Zusatzqualifikationen können Ihr berufliches Können und Wissen ergänzen oder auch außerhalb Ihres Berufs in einem anderen Bereich liegen. Das zeigt, wie vielseitig interessiert Sie sind! Notieren Sie, was Sie so alles können:

✔ Welche Sprachen beherrschen Sie?

✔ Sind Sie Computerspezialist?

✔ Haben Sie die Ausbildereignungsprüfung absolviert?

✔ Engagieren Sie sich ehrenamtlich?

✔ Sind Sie nebenberuflich tätig?

✔ Haben Sie branchenspezifische Kenntnisse?

 Bevor Sie Ihr Können in Ihrer Bewerbung anpreisen, prüfen Sie, ob Sie für Ihre Zusatzqualifikationen schriftliche Nachweise haben. Nur so kann sich Ihr potenzieller Arbeitgeber anhand Ihrer Bewerbungsunterlagen von Ihrem Können überzeugen.

Sie haben nun einen Überblick über Ihr Wissen und Können und eine konkrete Vorstellung an die Ansprüche, die Ihr neuer Job erfüllen soll. Da gibt es aber noch etwas, das Ihnen fehlt.

Warum Zukunftsvisionen so wichtig sind

Sie kennen die berühmte Frage, die Ihnen in nahezu jedem Vorstellungsgespräch gestellt wird: »Wo sehen Sie sich in drei Jahren?« Wie wäre es, wenn Sie hier und heute in aller Ruhe über diese Frage nachdenken? Nehmen Sie sich ein Blatt Papier und betiteln Sie es mit _Meine beruflichen Zukunftsvisionen._

Beginnen Sie mit der Ist-Situation und schreiben Sie Ihre beruflichen Ziele auf:

✔ Heute bin ich … (zum Beispiel Angestellter als Bürokaufmann)

✔ In den nächsten beiden Jahren mache ich eine Weiterbildung zum/zur … (zum Beispiel Master of Business Administration Schwerpunkt Marketing)

✔ In drei Jahren möchte ich … sein (zum Beispiel Abteilungsleiter)

Je genauer Ihre Vorstellung bezüglich Ihrer beruflichen Entwicklung ist, desto gezielter können Sie Ihre Karriereschritte vorbereiten. Es ist aber auch völlig okay, wenn Sie mit Ihrer beruflichen Situation zufrieden sind, so wie sie ist, und keine Karriere anstreben.

 Wichtig ist, dass Sie sich beruflich immer auf dem aktuellen Stand halten und flexibel bleiben, falls es zu Veränderungen kommt. In der heutigen Zeit ist kein Arbeitsplatz auf Lebenszeit sicher. Sie müssen damit rechnen, dass wirtschaftliche und gesellschaftliche Umstände Sie zwingen können, sich beruflich neu zu orientieren.

Wie das geht? Sie sind doch schon mittendrin in Ihrer beruflichen Orientierung! Sie wissen bereits:

✔ Was Sie leidenschaftlich gerne machen.

✔ Was absolut nicht für Sie infrage kommt.

✔ Wie weit Ihre Kompromissbereitschaft geht.

✔ Welche fachlichen Qualifikationen Sie haben.

✔ Wie umfangreich Ihre Zusatzqualifikationen sind.

✔ Wie Sie sich beruflich entwickeln möchten.

Was Ihre berufliche Entwicklung betrifft, überlegen Sie jetzt, ob Sie eine Weiterbildung anstreben:

✔ Ein hauptberufliches Studium

✔ Ein nebenberufliches Studium

✔ Ein berufsintegriertes Studium

✔ Ein Fernstudium

✔ Kurse an einer Abendakademie

✔ Kurse bei der Industrie- und Handelskammer

✔ Kurse bei der Handwerkskammer

Beachten Sie die Ausbildungszeiten für Ihre Weiterbildung. Lassen sich diese bequem mit Ihrem Job verbinden oder muss Ihnen Ihr potenzieller Arbeitgeber zeitlich entgegenkommen? Nicht zu vergessen sind auch die Kosten für Ihre Weiterbildung:

✔ Können Sie die Kosten aus eigener Tasche zahlen?

✔ Brauchen Sie die finanzielle Unterstützung Ihres neuen Arbeitgebers?

Das alles sind Aspekte, die Sie spätestens in Ihrem Vorstellungsgespräch mit Ihrem neuen Arbeitgeber klären müssen. Deshalb ist es wichtig für Sie, so früh wie möglich Klarheit bezüglich Ihrer beruflichen Weiterbildung zu haben.

 Fragen Sie bei der Industrie- und Handelskammer oder der Handwerkskammer nach, ob Ihre Weiterbildung unter das Aufstiegsfortbildungsgesetz, kurz AFBG, fällt. Dieses Gesetz hat das Ziel, Teilnehmer an Maßnahmen zur beruflichen Aufstiegsbildung finanziell zu unterstützen und sie sogar zu Existenzgründungen zu ermuntern. Das Gesetz ist ein umfassendes Förderinstrument für die berufliche Fortbildung in grundsätzlich allen Berufsbereichen und zwar unabhängig davon, in welcher Form sie durchgeführt wird (Vollzeit, Teilzeit, schulisch, außerschulisch, mediengestützt, Fernunterricht). Die Förderung ist an bestimmte persönliche, qualitative und zeitliche Anforderungen geknüpft.

Sie erarbeiten sich hier gerade Ihre persönliche Grundlage für Ihre berufliche Zukunft, die Ihnen nicht nur jetzt für Ihre Bewerbung eine große Hilfe ist, sondern auch noch in einigen Jahren, wenn vielleicht Veränderungen in Ihrem Job anstehen. Gibt es Ihrer Meinung nach noch irgendetwas, wovon Sie glauben, dass es für Ihren Beruf von Interesse sein könnte? Wie steht's denn mit Ihren Hobbys oder haben Sie keine?

Nicht zu vergessen: Ihre Freizeitaktivitäten

Klar gehört Ihre Freizeit Ihnen und Sie können tun und lassen, was Ihnen Spaß macht. Ihr Hobby ist in erster Linie der Ausgleich zu Ihrer Arbeit. Hier entspannen Sie und tanken die notwendige Kraft für Ihren Job und/oder auch den Alltag. Vielleicht haben Sie sogar ein Hobby, das eine gute Ergänzung zu Ihrem Beruf ist. Überlegen Sie einmal:

✔ **Sportliche Hobbys** fördern Ihre Ausdauer und körperliche Fitness, reduzieren Ihr Aggressionspotenzial; bei Mannschaftssportarten fördern sie Ihren Teamgeist, Ihre Kommunikationsfähigkeit, Ihre Flexibilität.

✔ **Kreative Hobbys** fördern Ihre Kreativität, stärken Ihren Erfindungsgeist und Ihre Problemlösefähigkeit (zum Beispiel Malen, Handarbeiten, Basteln, Handwerken).

✔ **Konzentrationsfördernde Hobbys** steigern Ihre Konzentrationsfähigkeit, Ihre Ausdauer, Ihre Belastbarkeit (zum Beispiel Computerarbeiten, Lesen, Schachspielen).

✔ **Sprachen/Reisen** fördern Ihre Kommunikationsfähigkeit, machen Sie international wettbewerbsfähig, zeugen von Interesse für andere Kulturen.

✔ **Kulturelle, geschichtliche und musische Interessen** erweitern Ihre Allgemeinbildung, fördern Ihre Kommunikationsfähigkeit.

✔ **Kirchliche und soziale Hobbys** fördern Ihre Teamfähigkeit, stärken Ihre Kommunikations- und Konfliktfähigkeit und beweisen Ihr soziales Verantwortungsbewusstsein.

Logischerweise ist nicht jedes Hobby eine Bereicherung für Ihren Beruf. Lieben Sie Bungee-Jumping, Motorradfahren oder Ballonfahren? Dann müssen Sie damit rechnen, dass Ihr potenzieller Arbeitgeber Sie im Vorstellungsgespräch auf Ihr gefährliches Hobby anspricht: Sie setzen sich einer erhöhten Unfallgefahr aus und das bedeutet für Ihren Arbeitgeber ein erhöhtes Ausfallrisiko Ihrer Arbeitskraft und damit Kosten durch Ihre Krankheit.

 Gehen Sie diplomatisch mit diesem Thema um. Sie wollen Ihr Hobby nicht des neuen Jobs wegen aufgeben müssen. Machen Sie Ihrem potenziellen Arbeitgeber klar, dass Ihr Hobby ein Ausgleich für Sie ist und die Unfallträchtigkeit im Alltag genauso groß ist wie bei Ihrem Hobby. Sie üben Ihr Hobby schon lange aus, haben also Erfahrung und Umsicht, um sich nicht potenziellen Gefahren auszusetzen. Mitunter wird auch in Ihrem Job Risikobereitschaft gefordert und damit haben Sie auf keinen Fall ein Problem! Natürlich sind Sie bereit, Ihr Hobby zugunsten des Jobs hintanzustellen, wenn dies erforderlich wäre und Ihr Ausfall für Ihren Arbeitgeber die Katastrophe bedeuten würde.

Selbst wenn Sie Ihren neuen Arbeitgeber mit Ihren Argumenten nicht überzeugt haben, haben Sie Ihrem Hobby die große Gefährlichkeit genommen.

 Notieren Sie sich alle Argumente, die für Ihr Hobby sprechen. Damit sind Sie für Fragen seitens Ihres potenziellen Arbeitgebers gut vorbereitet.

 Machen Sie sich eine Checkliste:

Mein Hobby	Fördert bei mir folgende Eigenschaften	Hat folgende mögliche negative Auswirkungen in meinem Job
Reiten	Rücksichtsvollen Umgang mit anderen Höhere Sensibilität in der Wahrnehmung der Bedürfnisse anderer	Aufgrund erhöhter Unfallgefahr potenziell höheres Ausfallrisiko für meinen Arbeitgeber
Inlineskaten	Ausdauer Erhöhte Aufmerksamkeit	Aufgrund erhöhter Unfallgefahr potenziell höheres Ausfallrisiko für meinen Arbeitgeber
Mitglied in einer Musikgruppe	Stärkt meine Kommunikationsfähigkeit Fördert meine Teamfähigkeit Erhöht meine Kreativität und Flexibilität, weil ich mich immer wieder auf neue Situationen einstellen muss	Da ich viel unterwegs bin und das oft bis spät in die Nacht, fehlt mir Schlaf – somit kann es sein, dass ich unkonzentrierter bei der Arbeit bin und deswegen mehr Fehler mache Vielleicht bin ich aufgrund des Schlafdefizits leichter reizbar

Mein Hobby	Fördert bei mir folgende Eigenschaften	Hat folgende mögliche negative Auswirkungen in meinem Job
Malen	Fördert meine Konzentrationsfähigkeit Stärkt meine Kreativität Lässt mich mit mehr Liebe zum Detail arbeiten und erhöht somit meine Ausdauer bei der Arbeit	... fallen mir keine ein
Mitglied in einer kulturellen Institution	Fördert meine Kommunikationsfähigkeit und meine Aufgeschlossenheit gegenüber anderen/fremden Kulturen Fördert eventuell meine Fremdsprachenkenntnisse	Führt zu Terminkollisionen wegen offizieller Veranstaltungen Bin in meiner Freizeit viel unterwegs, habe dadurch geringere Erholphasen – deswegen kann meine Konzentrationsfähigkeit leiden und meine Fehlerquote am Arbeitsplatz steigen
Computerspiele	Erhöht meine Ausdauer und Konzentrationsfähigkeit, insbesondere bei der Computerarbeit	Bin phasenweise so fasziniert von den Computerspielen, dass ich vergesse zu essen, zu trinken und die Nächte durchmache – ich vernachlässige somit meine Gesundheit, was zu hoher Müdigkeit und somit zu steigender Fehlerquote am Arbeitsplatz führt

Analysieren Sie Ihr Persönlichkeitsprofil

Sie haben jetzt eine Übersicht:

✔ Was Sie beruflich gerne machen und was nicht.

✔ Welche fachlichen Qualifikationen und Zusatzqualifikationen Sie haben.

✔ Ob Ihr Hobby eine berufliche Ergänzung darstellt oder nicht.

 Was ist mit Ihnen selbst? Welche Eigenschaften schätzen Sie ganz besonders an sich? Nehmen Sie die Checkliste *Meine Persönlichkeitsmerkmale* und arbeiten Sie sie durch. Kreuzen Sie ehrlich die Eigenschaften an, die auf Sie zutreffen. Schließlich wollen Sie wissen, wer Sie sind!

Meine Persönlichkeitsmerkmale	Ja	Nein
Freundlichkeit		
Geduld		
Ausdauer		
Eigene Motivation		
Positive Lebenseinstellung		
Problemlösungsorientiert		
Entscheidungsfreudig		
Durchsetzungsvermögen		
Sachbezogen		
Einzelkämpfer		
Teamplayer		
Zielorientiert		
Misstrauisch		
Workaholic		
Bequem		
Kommunikativ, offen		
Introvertiert, verschlossen		
Verschwiegen		

Was bedeuten Ihre Stärken für Sie? Jeder Einzelne empfindet seine Eigenschaften ganz individuell:

✔ **Ausdauer:** Bedeutet für den einen, dass er so lange an einer Aufgabe oder gar an einem Problem arbeitet, bis er die vollkommene Lösung gefunden hat; für den anderen heißt es schlichtweg, seine täglichen Arbeitsberge zu bewältigen.

✔ **Entscheider:** Für den einen heißt das, so viel an Arbeit wie nur möglich zu delegieren; der andere bearbeitet seine Aufgaben selbstständig und trifft dabei die notwendigen Entscheidungen, um alle seine Aufgaben eigenständig zu lösen.

✔ **Durchsetzungsvermögen:** Bedeutet für den einen, sich wortgewaltig Respekt zu verschaffen, während der andere auf diplomatischem Wege und ohne viele Worte seine Meinung durchsetzt.

✔ **Zielorientierung:** Ist für den einen schon gegeben, wenn er ungefähr weiß, in welche Richtung er laufen muss, um irgendwann einmal zum Ziel und damit zur richtigen Lösung zu kommen. Für den anderen bedeutet es, sein Ziel genau zu kennen und ohne Umwege mit allen ihm zur Verfügung stehenden Mitteln darauf hinzuarbeiten, um so schnell wie möglich das Ziel zu erreichen.

✔ **Verschwiegenheit:** Darunter versteht der eine, dass er seinen Mund halten muss, wenn er ausdrücklich darauf hingewiesen wird, während der andere grundsätzlich alles, was ihm anvertraut wird, für sich behält.

✔ **Teamplayer:** Der eine hält sich für einen Teamplayer, wenn er mit anderen zusammen in einem Zimmer sitzt, ohne dabei gemeinsam mit den anderen an einer Aufgabe zu arbeiten; der andere sieht sich als Teamplayer, wenn er gemeinsam mit anderen konstruktiv an der Lösung eines konkreten Problems arbeitet.

Notieren Sie jetzt auf einem weiteren Blatt Papier, was Sie unter Ihren Stärken verstehen. Je genauer Sie wissen, was Ihre Stärken für Sie bedeuten, desto überzeugender werden Sie diese in Ihren Bewerbungsunterlagen formulieren.

 Das Gleiche gilt für Ihre Schwächen. Machen Sie sich eine Checkliste, in der Sie Ihre Schwächen und deren Auswirkungen auf Ihr Arbeitsverhalten festhalten. Diese Checkliste kann zum Beispiel so aussehen:

Meine Schwäche	So verhalte ich mich deswegen	Was kann ich dagegen tun?
Unpünktlichkeit	Ich halte keine Termine ein und habe deshalb regelmäßig Ärger mit anderen	Einen Terminplaner nutzen, die Erinnerungsfunktion in meinem Handy/Outlook-Kalender so aktivieren, dass ich rechtzeitig zu meinen Terminen komme
Ungeduld	Ich werde schnell ungehalten, wenn andere zu langatmig reden und nicht auf den Punkt kommen; dadurch wirke ich unfreundlich und unkollegial	Lernen, mich mit Atem- und Entspannungstechniken zurückzunehmen, geduldiger zu werden
Chaotisches Arbeiten	Ich will den totalen Überblick und alles selbst erledigen, deshalb habe ich viel zu viel Arbeit auf dem Tisch, verliere die Übersicht, werde hektisch und bin nicht in der Lage, die richtigen Prioritäten zu setzen	Lernen, Arbeit abzugeben, zu delegieren – auch mal Nein sagen – nach der Wichtigkeit/Dringlichkeit der einzelnen Aufgaben fragen

So bekommen Sie Ihre Schwächen in den Griff! Denken Sie daran, dass Sie Schwächen durchaus positiv formulieren können, ohne dass aus einer Schwäche gleich eine Stärke wird:

✔ *Ich arbeite sehr akribisch und penibel.* Mit Oberflächlichkeiten oder Aussagen wie zum Beispiel »Sie machen das schon.« oder »Machen Sie mal. Wir werden schon sehen, was daraus wird.« kann ich nichts anfangen. Das bedeutet aber nicht, dass ich ein Pedant bin. Ich arbeite nur sehr genau und gewissenhaft.

✔ _Ich arbeite erst unter Druck gut._ Das bedeutet, dass ich sehr belastbar bin und im Grunde sogar zur Höchstform auflaufe, wenn die Belastung oder der Druck extrem hoch ist.

✔ _Ich bin ein skeptischer Mensch._ Das heißt nicht, dass ich nicht optimistisch in die Zukunft blicke. Ich stehe Veränderungen und Neuem mit einer gesunden Portion »Hab acht!« gegenüber und hinterfrage die Dinge sehr intensiv, um ein möglichst genaues Bild zu bekommen.

Sie haben Ihre Stärken und Schwächen erkannt. Damit ist Ihr Persönlichkeitsprofil vollständig. Nutzen Sie Ihre Checklisten bei der Suche nach Ihrem Traumjob! In Kapitel 3, »So werten Sie Stellenanzeigen aus«, erfahren Sie, welche Informationen in einem Stellenangebot stecken und in wie weit diese Inhalte mit Ihren Vorstellungen und Wünschen übereinstimmen.

Welches Bild haben Sie von sich?

Sie haben sich mit sich beschäftigt und jetzt ein genaues Bild von Ihren Eigenschaften und Ihren beruflichen Vorstellungen. Haben Sie dieses Bild erwartet oder sind Sie völlig überrascht, welche neuen Seiten Sie an sich gefunden haben? Wenn es Eigenschaften und/oder Vorstellungen gibt, die Sie verändern wollen, überstürzen Sie nichts. Überlegen Sie in aller Ruhe, was Sie wie und warum anders haben wollen. Vielleicht wollen Sie auch gar nichts verändern?

... und so sehen Sie die anderen

Ihr Selbstbild ist immer subjektiv. Um herauszufinden, ob andere den gleichen Eindruck von Ihnen haben wie Sie selbst, nehmen Sie nun Ihre Persönlichkeitsanalyse und fragen Sie Ihre Freunde und/oder Verwandten, ob sie Sie wiedererkennen oder ein anderes Bild von Ihnen haben. Erwarten Sie nicht, dass Ihre Freunde und Verwandten zu 100 Prozent mit Ihrer Analyse übereinstimmen. Nehmen Sie die Aussagen Ihrer Freunde und Verwandten offen auf. Hinterfragen Sie das Fremdbild so detailliert wie möglich, um zu begreifen, warum Ihre Freunde und Verwandten ein anderes Bild von Ihnen haben. Legen Sie aber nicht alles auf die Goldwaage. Differenzieren Sie diese Wahrnehmungen.

Die goldene Mitte – ist das hier die richtige Wahl?

Nehmen Sie Ihr selbst erarbeitetes Persönlichkeitsprofil und alle Aussagen, die Ihre Freunde und Verwandten gemacht haben. Jetzt suchen Sie sich ein ruhiges Plätzchen, an dem Sie ungestört sind. Sie haben sich selbstkritisch analysiert. Stimmen Ihre Wahrnehmung und das Fremdbild so gar nicht überein? Dann überlegen Sie, woran das liegen kann:

✔ Waren Sie bei Ihrer eigene Analyse nicht ehrlich?

✔ Sind Sie so, wie alle anderen Sie beschrieben haben?

Spätestens jetzt sollten Sie Farbe bekennen und ehrlich zu sich selbst sein. Ansonsten laufen Sie Gefahr, ständig Ihrem eigenen Phantombild hinterherzulaufen.

Auf Stellensuche im Internet

2

In diesem Kapitel

▶ Das Internet bietet unendlich viele Möglichkeiten

▶ So suchen Sie gezielt nach Ihrem Job

▶ Was Sie über das Allgemeine Gleichbehandlungsgesetz wissen müssen

---

Hier finden Sie Ihren Job

Es gibt fast nicht, was Sie im Internet nicht finden. Das Internet ist die Kommunikationsplattform schlechthin, denken Sie nur an Chatrooms. Warum nutzen Sie das Internet nicht auch, um nach Ihrem Traumjob zu suchen? Sie brauchen nicht mehr auf das Erscheinen des Stellenmarkts in der Samstagsausgabe Ihrer Tageszeitung zu warten.

✔ Sie sind unabhängig von der Tageszeit, denn das Internet steht Ihnen vierundzwanzig Stunden lang uneingeschränkt zur Verfügung.

✔ Sie können Stellenangebote vergleichen, weil Sie bei verschiedenen Anbietern nach einem neuen Job suchen können.

✔ Wenn Sie glauben, den richtigen Job entdeckt zu haben, können Sie sich auf die Website Ihres potenziellen Arbeitgebers begeben und ihn genauer unter die Lupe nehmen.

✔ Wollen Sie noch mehr über Ihren potenziellen Arbeitgeber wissen, suchen Sie ihn über Ihre Lieblingssuchmaschine und lassen Sie sich überraschen, ob und wie viele Pressemitteilungen oder sonstigen Informationen über ihn zu finden sind.

 Unternehmen arbeiten bei Interesse an einem Bewerber ebenfalls mit den Möglichkeiten von Suchmaschinen, um herauszufinden, was es Wissenswertes über seinen Lebenslauf hinaus eventuell im Internet über ihn zu erfahren gibt. Checken Sie doch einmal selbst, was alles im Internet über Sie zu finden ist. Sie werden überrascht sein!

Rufen Sie einmal eine Suchmaschine wie Google oder Yahoo! auf und geben Sie *Jobangebote* oder *Stellenangebote* ein, um eine Übersicht über verschiedene Stellenanbieter zu bekommen (siehe Abbildung 2.1)

Jetzt sind Sie dran: Wählen Sie einen Stellenanbieter aus. Wie wäre es denn mit einer Jobbörse?

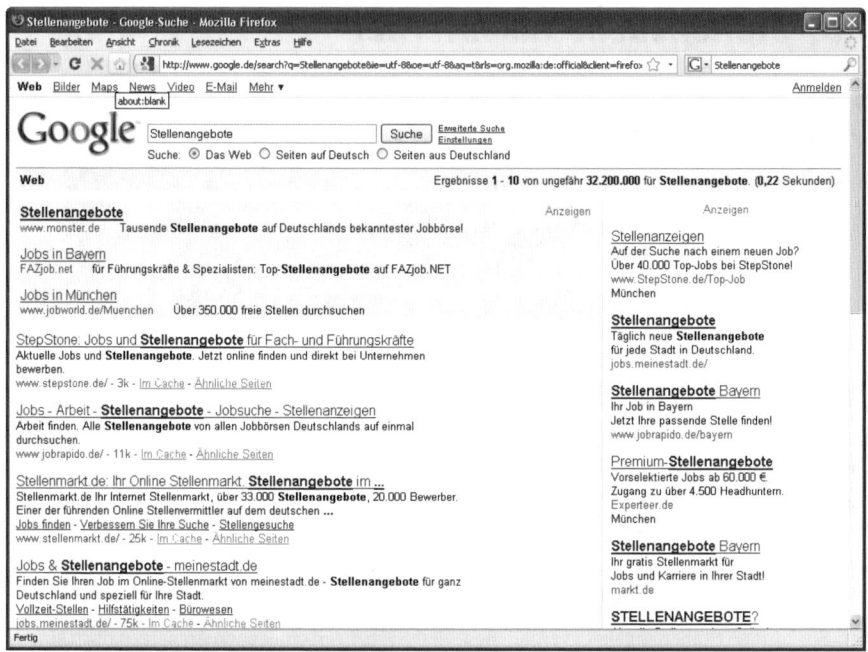

Abbildung 2.1: Welche Jobbörse interessiert Sie am meisten?

Jobbörsen haben viel zu bieten

Die Bezeichnung *Jobbörse* erinnert Sie ein bisschen an die Bankenbörse, bei der Handel mit Aktien betrieben wird und Angebot und Nachfrage den Preis regeln? Das ist bei einer Jobbörse nicht der Fall. Hier können Sie auf verschiedenen Wegen Stellenangebote finden:

✔ Viele Zeitungen und Zeitschriften veröffentlichen ihre Stellenanzeigen zusätzlich zur Printveröffentlichung in Jobbörsen.

✔ Unternehmen stellen Ihre Jobangebote über Jobbörsen ins Netz.

✔ Sie können Ihr Jobgesuch bei einer Jobbörse hinterlegen.

Schauen Sie sich einmal eine der bekanntesten Jobbörsen an: *Monster* (www.monster.de; siehe Abbildung 2.2).

Webseiten sind nicht statisch – ihre Gestaltung und Inhalte sind ständigem Wandel unterzogen. Das heißt, die in den Abbildungen in diesem Buch gezeigten Webseiten können zu dem Zeitpunkt, zu dem Sie das Buch zur Hand nehmen, bereits eine andere Oberflächengestaltung haben, andere Inhalte zeigen und auch andere

Abläufe beispielsweise bei der Registrierung als Benutzer oder bei den Bewerbungsformularen aufweisen. Die in diesem und den folgenden Kapiteln beschriebenen
Webseiten und Verfahren sind also exemplarisch zu verstehen, Sie erhalten einen
grundlegenden Einblick und werden sich damit sicher schnell in abweichenden
Gestaltungen und Verfahrensweisen zurechtfinden.

Abbildung 2.2: Monster bietet viele Möglichkeiten, den Traumjob zu finden.

Sie sehen auf einen Blick, was Monster Ihnen zu bieten hat: Sie können hier nicht nur nach
Stellenangeboten suchen, sondern auch ein Profil mit Ihren Karrierezielen sowie Ihrem Lebenslauf etc. hinterlegen, um Jobanbieter auf sich aufmerksam zu machen. (Mehr zur Anlage
eines Profils auf der Website eines entsprechenden Dienstleisters erfahren Sie in Kapitel 8,
»Ihre eigene Stellenanzeige im Internet«.)

Die Jobsuche über Monster geht ganz einfach vonstatten:

✔ In den Texteingabefeldern im Bereich JOBS SUCHEN geben Sie ein, was und gegebenenfalls
wo Sie suchen. Mit einem Klick auf die Schaltfläche SUCHEN geht's dann los.

✔ Wer es etwas detaillierter angehen möchte, kann durch Klicken auf den Dropdownpfeil
neben WEITERE SUCHOPTIONEN zusätzliche Texteingabefelder und Auswahllisten einblenden,
mit denen sich weitere Suchkriterien angeben lassen.

Das Ergebnis ist eine Übersicht über die aktuellen Stellenangebote, die den von Ihnen festgelegten Kriterien entsprechen (siehe Abbildung 2.3).

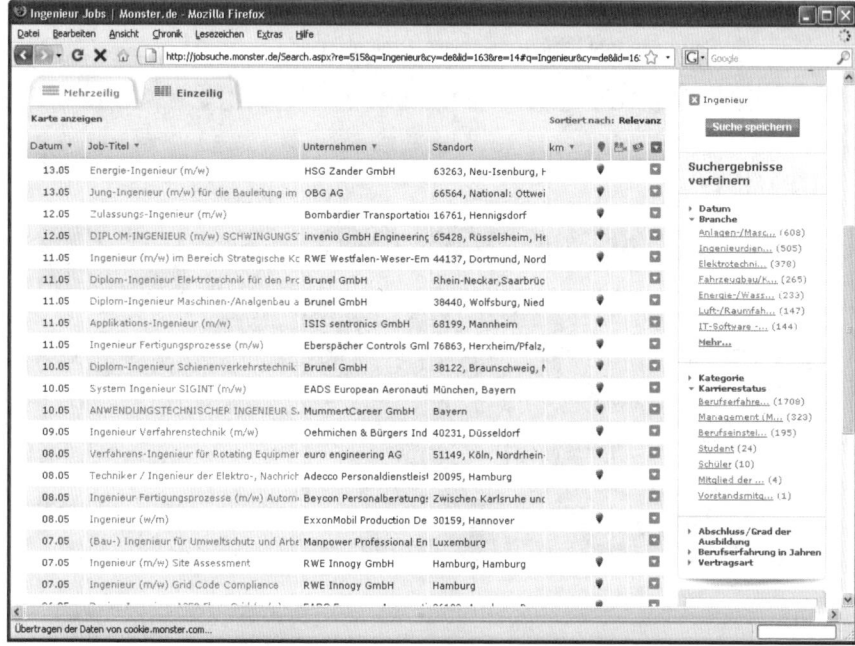

Abbildung 2.3: Jobangebote in Hülle und Fülle

Diese Ergebnisliste können Sie anhand verschiedener Kriterien sortieren – nach Branche,
Karrierestatus etc. – und die gesamten beziehungsweise nur die Sie interessierenden Angebote
auf Ihrer personalisierten Monster-Webseite speichern (Registrierung vorausgesetzt).

Wie Sie im Grundsätzlichen Stellenangebote analysieren, erfahren Sie in Kapitel 3, »So werten
Sie Stellenangebote aus«.

Es gibt noch weitere Möglichkeiten, Ihren Traumjob zu finden.

Neues Land, neues Glück: Regionale Jobbörsen

Sie können aus unterschiedlichen Gründen ortsgebunden sein. Sie haben übers Internet aber
die Möglichkeit, nach Ihrem Traumjob in der Nähe zu suchen. Sie können in der Regel in der
Suchmaske einer Jobbörse auch den gewünschten Ort beziehungsweise eine Region angeben,
um so Stellenangebote räumlich einzugrenzen.

Über die Jobbörse *JOBworld* (www.jobworld.de) können Sie regional, aber auch weltweit nach einem neuen Job suchen (siehe Abbildung 2.4).

Abbildung 2.4: Wo wollen Sie gerne arbeiten?

Die Bundesagentur für Arbeit arbeitet mit vielen Städten zusammen. Sie finden unter www.meinestadt.de/Name der Stadt, die Sie interessiert, ein umfangreiches Stellenangebot (siehe Abbildung 2.5).

Auch hier ist die Stellensuche eine leichte Übung:

✔ Klicken Sie in der Navigationsleiste unterhalb des Stadtschildes auf die Kategorie STELLEN und dann auf den Link STELLENANGEBOTE (oder auch auf LEHRSTELLEN, wenn Sie eine Ausbildungsstelle suchen), geben Sie eine Berufs- oder Stellenbezeichnung ein und starten Sie dann die Suche durch einen Klick auf die Schaltfläche STELLEN-SUCHE. Von der Ergebnisliste aus kommen Sie durch einen einfachen Klick auf das Sie interessierende Angebot zu einer in der Regel sehr ausführlichen Stellenbeschreibung.

Sie sind aber auf dieser Website nicht nur auf Stellenangebote beschränkt, Sie können auch selbst aktiv werden und in der entsprechenden Rubrik ein Stellengesuch aufgeben.

Sie wissen jetzt, was Sie zu tun haben: Starten Sie Ihre Jobsuche!

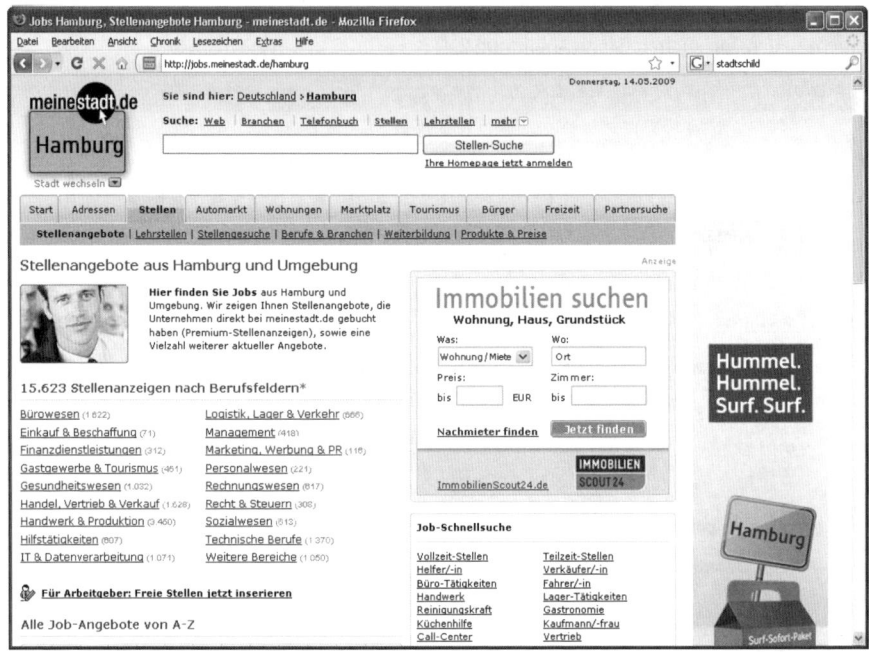

Abbildung 2.5: Suchen Sie in Ihrer Stadt nach dem passenden Job.

Welche Branche passt zu Ihnen: Branchenspezifische Jobbörsen

Wenn Sie in Ihrer Branche nach einem Job suchen wollen, gehen Sie über eine Suchmaschine wie zum Beispiel Google. Geben Sie *Branchenspezifische Jobbörse* in der Suchfunktion ein, um eine entsprechende Übersicht zu erhalten.

Wie Sie sehen, gibt es auch für branchenspezifische Jobs jede Menge Stellenanbieter. Sie können sich für einen entscheiden oder aber auch nacheinander die verschiedenen Anbieter auswählen. Je mehr Anbieter Sie auswählen, desto größer ist Ihre Chance, Ihren Traumjob zu finden. Aktivieren Sie einen der Links und schon erhalten Sie eine Übersicht über die verschiedenen Branchen und können nach Ihrem Traumjob suchen (siehe Abbildung 2.6).

Einige branchenspezifische Jobbörsen habe ich aufgelistet:

✔ biojobs.de ist auch die Website von medjobs.de. Hier finden Sie bundesweite Stellenangebote in Bereichen Labortechnik, Biotechnologie, Zell- und Molekularbiologie, Industrie- und Umweltanalytik, klinische Diagnostik.

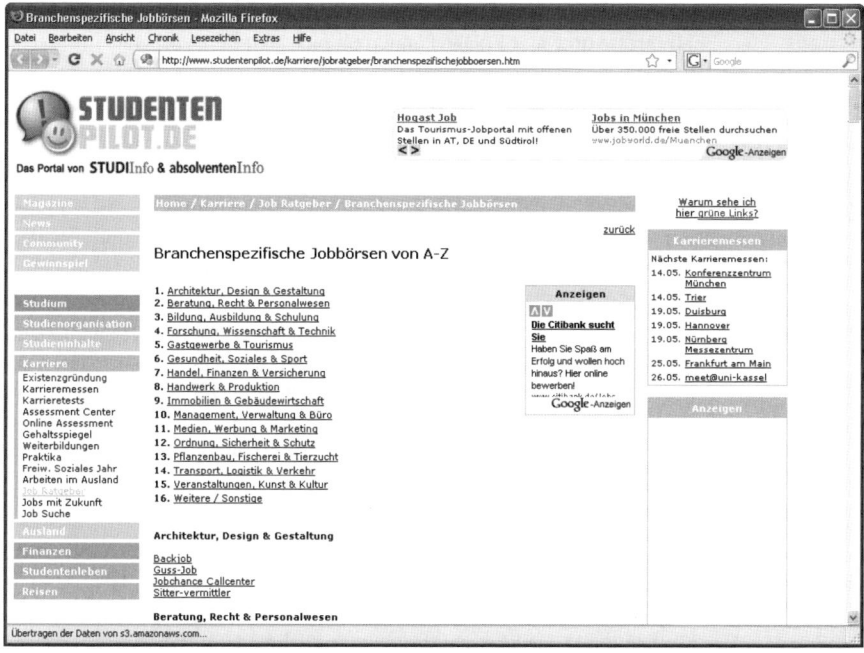

Abbildung 2.6: Wählen Sie Ihre Branche.

✔ www.chemiekarriere.net: Auf dieser Website der Chemiebranche finden Sie weitere Links wie zum Beispiel zu www.biokarriere.net, www.chemie.de, www.bionity.com, www.chemeurope.com, www.analytica-world.com, www.quimica.es.

Dies sind speziell auf die Anforderungen der Branchen Analytik, Chemie, Biotechnologie und Pharma zugeschnittene Karriereportale. Stellenangebote werden Ihnen übersichtlich präsentiert. Sie haben die Möglichkeit, Ihr eigenes Stellengesuch aufzugeben und werden optisch ansprechend auf der Webseite als *Neuer Bewerber* präsentiert.

✔ www.hotel-career.de: Dieses Portal der Gastronomie- und Touristikbranche bietet zahlreiche nationale und internationale Hoteljobs sowie Stellenangebote in der Gastronomie und der Touristikbranche. Auf einer der Seiten finden Sie Topjobanbieter, die sich Ihnen vorstellen. Sie können alle Unternehmen in alphabetischer Auflistung anzeigen lassen, einzelne Stellenbeschreibungen studieren, sich über Arbeiten im Ausland ebenso informieren wie über die Gehaltsstrukturen in den Branchen und werden über Fort- und Weiterbildung informiert. Eine Topadresse für alle, die in der Gastronomie- und Touristikbranche auf Jobsuche sind.

✔ www.health-job.net: Hier erhalten Sie eine Übersicht über Stellenangebote im Gesundheitswesen. Bei Interesse und/oder Fragen können Sie sich an die angegebenen Ansprechpartner wenden.

Als Bewerber können Sie Ihr Stellengesuch kostenlos platzieren. Wie das geht, erfahren Sie in Kapitel 8, »Ihre eigene Stellenanzeige im Internet«. Wird ein Unternehmen auf Sie aufmerksam, so werden Ihre Daten nur in Abstimmung mit Ihnen weitergeleitet.

✔ www.ingenieurkarriere.de ist ein Spezialanbieter für das Ingenieurwesen. Hier finden Ingenieure, technische Fach- und Führungskräfte aktuelle Jobangebote und erhalten wertvolle Tipps zu Fragen und Themen rund um Beruf und Karriere.

In einer Bewerberdatenbank können Sie Ihren Lebenslauf hinterlegen. Der Online-Stellenmarkt informiert Sie über täglich neue, aktuelle Stellenangebote. Sie erhalten zahlreiche Bewerbungstipps. Es gibt ein großes Angebot an Coaching Services und eine Übersicht über Recruiting Events. Sie erhalten ingenieurspezifische Brancheninformationen. Sie können in einem Karriere-Newsletter Ihr Stellengesuch platzieren und so einen großen Kreis an Abonnenten erreichen. Potenzielle Arbeitgeber präsentieren sich in einem speziellen Bereich.

Für Fragen stehen Ihnen Ansprechpartner zur Verfügung, deren Kontaktdaten angegeben sind.

✔ www.technik-jobs.de: Eine weitere Jobplattform für Ingenieure, auf der Jobs in den Bereichen Hardware, Software und Konstruktion angeboten werden. Über einen Link können Sie per E-Mail Kontakt mit Ihrem Wunscharbeitgeber aufnehmen. Und falls Sie Lust haben, können Sie einen kleinen Test für Ingenieure absolvieren.

✔ www.theaterjobs.de: Ein Portal für alle, die in der Theaterbranche einen Job suchen. Sie finden hier jede Menge Stellenangebote, aber auch Ausbildungs- und Fortbildungsangebote sowie Kurse und Workshops im Theaterbereich. In der Rubrik JOBS veröffentlichen einige Hundert Partner ihre Stellenangebote. Nahezu alle Stellenanbieter haben eigene Websites, die Sie per Link besuchen können. Für Theaterjobber werden Ansprechpartner mit ihren Kontaktdaten genannt, sodass Sie bei Interesse nachfragen können.

Des Weiteren gibt es die Rubrik THEATERMARKT, in der Sie von Agenturen über Gesangsunterricht bis hin zum kompletten Soloprogramm alles finden. Professionelle Theatermacher und Künstler präsentieren sich unter KÜNSTLER & THEATERPROFIS. Eine empfehlenswerte Adresse für alle Jobinteressierten rund ums Theater.

✔ www.agrijob.de: Die Online-Stellenbörse für Fach- und Führungskräfte in Agrar- und Ernährungswissenschaft. Als Jobsuchender können Sie Stellenangebote online einsehen und kostenlos Ihr Qualifikationsprofil anonymisiert potenziellen Arbeitgebern präsentieren. Hat ein Unternehmen Interesse an Ihnen, werden Ihre Daten nur in Abstimmung mit Ihnen weitergeleitet. Sie haben die Möglichkeit, mit folgenden Anbietern per E-Mail direkten Kontakt aufzunehmen: Berufsverband Agrar, Ernährung und Umwelt, Institut für Agribusiness und Ernährungsdienst.de.

Die Vermittlung von Traineeprogrammen gehört zum weiteren Angebot dieses Portals.

✔ www.pharmajob.info: Hier können Sie bequem Ihren Traumjob in der Pharmaziebranche anhand folgender Kriterien suchen: Position, Region, Unternehmen, Indikation.

Übersichtlich werden Ihnen hier aktuelle Toppositionen angeboten. Arbeitgeber stellen sich Ihnen vor und geben Ihnen eine Übersicht über alle Jobangebote in ihrem Unternehmen. Sie können Ihr Profil hinterlegen und sich die passenden Jobangebote per E-Mail zuschicken lassen. Wie Sie sich auf solchen Websites registrieren, verrät Ihnen Kapitel 7, »Profilbewerbungen auf Firmen-Websites«, ausführlich.

✔ www.bund.de: Wer eine Stelle im öffentlichen Dienst sucht, ist hier goldrichtig. Sie finden zahlreiche Stellenangebote, die Sie mithilfe eines speziellen Suchfilters nach Ihrem Traumjob durchstöbern können. Die möglichen Suchoptionen sind: Arbeitszeit, Bundesland, Stellen im Ausland, Veröffentlichungszeitraum, Bewerbungsfrist.

Sie erhalten eine alphabetisch sortierte Übersicht der angebotenen Tätigkeitsfelder mit Angabe der aktuellen Anzahl an Stellenangeboten von A wie Ausbildung bis Z wie Zentrale Dienste.

✔ Für alle, die in ihren Beruf starten, gibt es unter www.berufsstart.de Stellenangebote geordnet nach folgenden Kriterien: Diplomand, Praktikant, Werkstudent, Young Professional.

Dies ist das Karriereportal für junge Akademiker. Sie können nach Jobangeboten und/oder Firmen suchen. Sie erhalten Karrieretipps, bekommen einen Überblick über Kontaktmessen und können sich über die in Ihrem Beruf üblichen Gehälter informieren. Ein Karriere-Assistent begleitet Sie bei all Ihren Fragen und hilft Ihnen, Ihren Lebenslauf online zu hinterlegen. Ein Jobportal-Netzwerk bietet Ihnen die Möglichkeit zu bundesweiter Kontaktaufnahme mit weiteren Jobanbietern.

Suchen Sie weiter: Versteckte Jobs im Internet

Was glauben Sie wohl, wo Sie versteckte Stellenangebote ausfindig machen können? Überall dort, wo Sie nur durch Andeutungen von Stellen erfahren:

✔ Auf den Internet-Karriereseiten der Unternehmen, auf denen beschrieben wird, welche Qualifikationen und Persönlichkeitsmerkmale von Mitarbeitern und von Bewerbern gewünscht sind.

✔ In Medienberichten über Firmen, wenn daraus hervorgeht, dass diese Firmen sich vergrößern wie zum Beispiel bei Standorterschließungen und dem Kauf neuer Firmen.

✔ In Handelsregistereintragungen bei den Industrie- und Handelskammern, die Sie auf der Internetseite der jeweiligen Industrie- und Handelskammer online einsehen können.

✔ Bei Nachrichten über Praxiseröffnungen.

✔ In Newslettern branchenspezifischer Jobbörsen, die Sie online abonnieren können.

Wenn Sie Ihren Wunscharbeitgeber gefunden haben und sich bewerben wollen, informieren Sie sich über die Internetseiten der Firma über die Anforderungen, die an die Mitarbeiter gestellt werden. Studieren Sie folgende Seiten:

✔ Unsere Mitarbeiter

✔ Karriere

✔ Stellenangebote

Fassen Sie mit Ihren Worten zusammen, welche fachlichen und persönlichen Eigenschaften von Ihnen erwartet werden. Warum? Um Ihren potenziellen Arbeitgeber auf sich aufmerksam zu machen, müssen Sie eine Initiativbewerbung machen. Dazu brauchen Sie ein so interessantes Anschreiben, das Ihr potenzieller Arbeitgeber Sie am liebsten sofort kennenlernen möchte. Wie das geht, erfahren Sie in Teil II, »Online-Bewerben leicht gemacht«.

E-Mail-Adressen unbekannt? So finden Sie sie heraus

Ärgern Sie sich nicht auch oft über viele Spam-Mails? Vor allem fragen Sie sich, wie die Absender an Ihre E-Mail-Adresse kommen. Die machen das genauso wie Sie es jetzt lernen, um an die E-Mail-Adressen Ihrer Wunscharbeitgeber zu kommen:

✔ Jedes Unternehmen hat ein E-Mail-Namensystem. Das können Funktionsadressen sein wie zum Beispiel `info@` oder Namensadressen wie zum Beispiel `ilse.meier@firmaxy.de`.

✔ Innerhalb ein und desselben Unternehmens sind daher alle E-Mail-Adressen nach dem gleichen System aufgebaut. Lautet eine Adresse `vorname.nachname@unternehmen.de`, sind mit großer Wahrscheinlichkeit sämtliche E-Mail-Adressen nach diesem Muster aufgebaut.

Es reicht also, wenn Sie den Namen eines Firmenmitarbeiters wissen. Namen können Sie im Impressum der Firmenwebseiten finden oder in der Unternehmenschronik, in der in aller Regel wenigstens die Geschäftsführer oder Vorstände genannt sind.

Nun wollen Sie ja aber nicht unbedingt Ihre Bewerbung gleich an den Vorstand schicken. Das brauchen Sie auch nicht. Über den Link KONTAKT finden Sie meistens eine Telefonnummer. Rufen Sie an und fragen Sie nach einem Ansprechpartner in der Personalabteilung. Sagen Sie, dass Sie sich gern bewerben möchten. In aller Regel erhalten Sie nicht nur die Angabe eines Ansprechpartners, sondern auch die Auskunft, an welche E-Mail-Adresse Sie Ihre Bewerbung schicken können.

Karrierestart auf Firmen-Websites

Auf Firmen-Websites finden sich nicht nur Informationen über das Unternehmen Ihres Wunscharbeitgebers, Sie können dort auch Jobangebote finden. Diese stehen unter STELLEN-ANGEBOTE, STELLEN, KARRIERE oder JOBANGEBOTE.

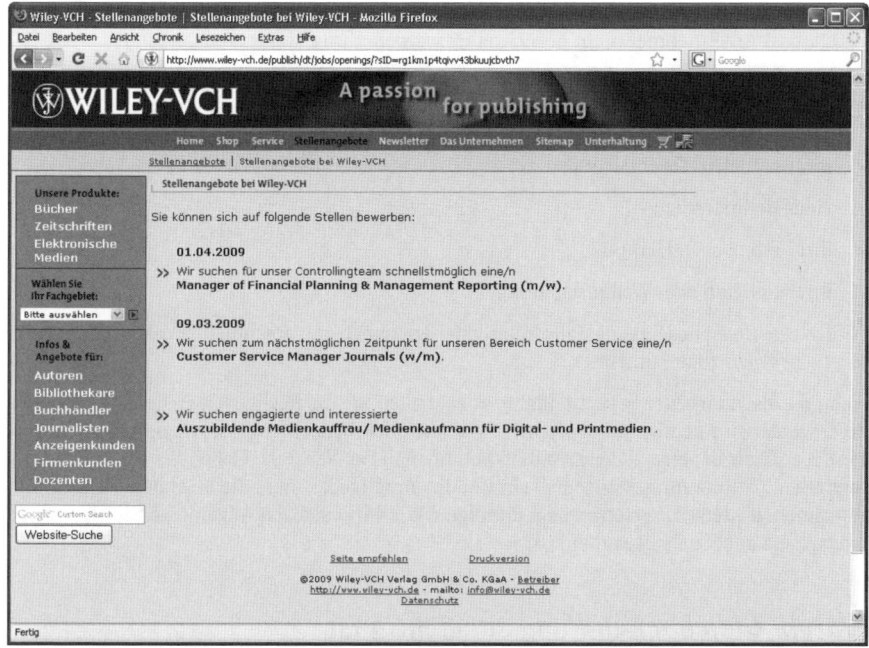

Abbildung 2.7: Starten Sie Ihre Karriere bei Ihrem Wunscharbeitgeber.

Die Stellenangebote werden von den Unternehmen aktuell gehalten. Hier Ihren Traumjob zu finden, hängt davon ab, ob ein Unternehmen gerade in Ihrem Beruf ein offenes Stellenangebot hat. Wenn Sie die Mitarbeit in einem Unternehmen interessiert, werfen Sie einen Blick auf die Firmen-Website und sehen Sie sich dort um. Ist kein passendes Angebot dabei und Sie wollen dennoch die Firma auf sich aufmerksam machen, ist das kein Problem: Fast alle Firmen bieten Bewerbern die Möglichkeit, ihr Profil online zu hinterlegen. Wie einfach das geht, erfahren Sie in Kapitel 7, »Profilbewerbungen auf Firmen-Websites«. Sind Sie für ein Unternehmen ein interessanter Kandidat, dürfen Sie fest damit rechnen, dass Kontakt mit Ihnen aufgenommen wird.

Apropos Kontaktaufnahme: Sie brauchen sich nicht zu sorgen, dass mit Ihren persönlichen Daten bei Ihrer Online-Bewerbung womöglich Unfug getrieben wird. Dagegen hat der Gesetzgeber einen Riegel vorgeschoben.

Das Allgemeine Gleichbehandlungsgesetz

Das Allgemeine Gleichbehandlungsgesetz – kurz AGG – trat 2006 in Kraft und wird umgangssprachlich als »Antidiskriminierungsgesetz« bezeichnet (mehr Informationen zum AGG finden

Sie im Buch *AGG für Dummies*, das ebenfalls im Verlag Wiley-VCH erschienen ist). Das Gesetz besagt, dass Arbeitnehmer nicht benachteiligt werden dürfen wegen

✔ ihres Alters,

✔ ihres Geschlechts,

✔ ihrer sexuellen Orientierung,

✔ einer Behinderung,

✔ ihrer ethnischen Herkunft,

✔ ihrer Religion oder Weltanschauung.

Für Unternehmen bedeutet das, alle Mitarbeiter entsprechend zu schulen und deren Unterweisung schriftlich zu dokumentieren.

Wenn Sie als Mitarbeiter benachteiligt werden, haben Sie das Recht, sich zu beschweren. Ihre Beschwerde wird geprüft und sofern Sie nachweislich benachteiligt wurden, haben Sie Anspruch auf Schadenersatz, der grundsätzlich finanzieller Natur ist. Haben Sie gegen das AGG verstoßen, tritt der umgekehrte Fall ein und Ihr Arbeitgeber muss Sie bestrafen. Er kann Sie abmahnen, umsetzen, versetzen oder kündigen. Wie wirkt sich das Allgemeine Gleichbehandlungsgesetz auf Sie als Bewerber aus?

Warum Gleichbehandlung so wichtig ist

Jeder Bewerber soll die gleiche Chance auf einen Job haben, unabhängig von den vorher aufgeführten Kriterien wie Alter, Geschlecht, ethnische Herkunft und so weiter. Das ist die Zielsetzung des AGG. Sie dürfen keine Absage erhalten, weil Sie zum Beispiel für den angebotenen Job zu alt sind.

Wenn Sie auf Ihre Online-Bewerbung eine Absage erhalten, haben Sie im Sinne des AGG ein Problem: Wie wollen Sie anhand eines freundlich formulierten Absageschreibens nachweisen, dass Sie benachteiligt wurden? Das ist unmöglich, denn Sie wissen weder, wer sich noch auf den Job beworben hat, geschweige denn, warum ein anderer Bewerber die Stelle bekommen hat. Sie können zwar Vermutungen anstellen oder auch bei dem Unternehmen anrufen und nach dem Absagegrund fragen. Aber Sie werden keine Antwort erhalten. Welcher Personaler verstößt schon gegen das AGG, indem er Ihnen zum Beispiel sagt, dass nur katholische Bewerber eingestellt werden? Vermutungen reichen nicht aus.

Hier zählen nur die Fakten

Vermutungen oder das Gefühl, benachteiligt zu werden, reichen keinesfalls aus, um gegen einen potenziellen Arbeitgeber im Sinne des AGG zu klagen. Sie müssen konkrete Beweise auf den Tisch legen können, die Ihre Benachteiligung eindeutig nachweisen. Nur dann haben Sie eine Chance auf Schadenersatz.

Es kann sogar durchaus sein, dass die Anforderungen an den Job eine unterschiedliche Behandlung der Bewerber zulässt. Nehmen wir an, Sie bewerben sich auf einen Job, bei dem Sie tagtäglich sehr schwerer körperlicher Belastung ausgesetzt sind. Nun haben Sie gerade eine Knieoperation hinter sich, Ihr Rücken ist auch nicht mehr der jüngste und an vielen anderen Körperstellen zieht es dazu. Wenn sich Ihr Wunscharbeitgeber nun für einen Bewerber entscheidet, der im Gegensatz zu Ihnen gesundheitlich auf der Höhe ist, ist das alles andere als eine Benachteiligung für Sie. Im Gegenteil: Sie können Ihrem Wunscharbeitgeber dankbar sein, dass er Sie nicht Ihrem körperlichen Ruin aussetzt.

Nehmen wir an, Sie können Fakten auf den Tisch legen, die Ihre Diskriminierung im Sinne des AGG beweisen, dann ist Ihr potenzieller Arbeitgeber am Zug: Er muss nun nachweisen, dass er bei der Bewerberauswahl nicht gegen die Bestimmungen verstoßen hat. Vorausgesetzt, Sie haben innerhalb von zwei Monaten, nachdem Sie Ihre Absage bekommen haben, reagiert.

Sie merken schon: Was den schriftlichen Bewerbungsprozess angeht, ist das ein sehr schwieriges Thema.

Vorsicht bei Fragen

Es kann genauso gut sein, dass Sie einen Anruf Ihres potenziellen Arbeitgebers erhalten oder zum Vorstellungsgespräch geladen werden und erst im Anschluss daran eine Absage erhalten. Wurden Sie dann im Sinne des AGG diskriminiert? Nun, das kommt darauf an, welche Fragen Ihnen gestellt wurden. Betreffen diese Fragen

✔ Ihre Religionszugehörigkeit,

✔ Ihre ethnische Herkunft,

✔ Ihre Weltanschauung oder

✔ Ihre sexuellen Neigungen,

liefert Ihnen Ihr Gesprächspartner eine Steilvorlage für einen Verstoß gegen das AGG. Was aber machen Sie, wenn Aussage gegen Aussage steht?

Denken Sie daran, dass Sie Fragen nach einer Behinderung wahrheitsgemäß beantworten müssen. Sie unterliegen bei einer Behinderung einem besonderen Schutz, der Ihrem Arbeitgeber das Kündigungsrecht erschwert. Also bleiben Sie hier ehrlich.

So werten Sie Stellenangebote aus

In diesem Kapitel

▶ Warten Sie nicht zu lange mit Ihrer Bewerbung

▶ So entschlüsseln Sie Stellenangebote

▶ Lernen Sie die Praxis kennen

Sie erfahren in diesem Kapitel, wann der richtige Zeitpunkt für Ihre Bewerbung gekommen ist und lernen Stellenangebote so zu analysieren, dass Sie genau wissen, ob Ihnen auch wirklich Ihr Traumjob angeboten wird.

Der kleine Unterschied zwischen Post- und Online-Bewerbung

Dieser kleine Unterschied ist ganz einfach:

✔ Ihre Postbewerbung werfen Sie ausreichend frankiert in einen Briefkasten oder geben den Briefumschlag direkt an einem Postschalter ab. Entweder erreicht Ihre Bewerbung am nächsten oder übernächsten Tag Ihren Wunscharbeitgeber.

✔ Und bei der Online-Bewerbung? Da klicken Sie entweder auf SENDEN und mailen Ihre Bewerbung oder Sie speichern Ihre Daten online ab. Damit hat Ihr potenzieller Arbeitgeber sofort Zugriff auf Ihre Bewerbung und kann bei Interesse sogar gleich reagieren. Schneller kann Bewerben nicht funktionieren. Ihre Online-Bewerbung spart Zeit.

Jetzt ist der richtige Zeitpunkt für Ihre Bewerbung

Nehmen Sie sich Zeit, um Ihre Bewerbung vorzubereiten. Sind Ihre Unterlagen komplett?

✔ Das richtige Anschreiben für die gewünschte Stelle?

✔ Der passende Lebenslauf?

✔ Ein gutes, aussagekräftiges Foto?

✔ Zeugnisse und/oder sonstige Leistungsnachweise?

Haben Sie Ihr Anschreiben und Ihren Lebenslauf auf Rechtschreib- und Grammatikfehler überprüft?

Dann ist jetzt der richtige Zeitpunkt für Ihre Bewerbung.

Was Sie beachten sollten ...

Wenn Sie sich an dem Tag, an dem Ihr Wunscharbeitergeber das Stellenangebot ins Netz gestellt hat, bewerben, denken Sie daran, dass Sie vielleicht der erste Bewerber sind und noch viele andere folgen. Ob Ihre schnelle Bewerbung auf Ihren potenziellen Arbeitgeber den Eindruck macht, dass Sie offensichtlich seit Wochen in den Startlöchern stecken und just auf sein Stellenangebot gewartet haben, oder er Ihre Bewerbung als großes Interesse wertet, ist schwer zu beurteilen. Fakt ist, dass die Bewerbungen, die als Erstes gelesen werden, oftmals durch die vielen anderen, folgenden Bewerbungen verblassen oder im schlimmsten Fall in Vergessenheit geraten. Das muss nicht zwangsläufig so sein, aber die Gefahr besteht.

 In jeder Stellenanzeige ist eine Bewerbungsfrist genannt. Orientieren Sie sich an ihr. Wenn Ihnen Ihre Bewerbung unter den Nägeln brennt, senden Sie Ihre Unterlagen in der ersten Hälfte der Bewerbungsfrist an Ihren Wunscharbeitgeber. Sind Sie etwas geduldiger und haben stärkere Nerven, bewerben Sie sich erst in der zweiten Hälfte.

Ob Sie als Kandidat für die ausgeschriebene Position infrage kommen oder nicht, erfahren Sie sowieso erst, wenn die Bewerbungsfrist abgelaufen ist. Also bleiben Sie cool. Viel wichtiger als ein frühes Bewerben ist, dass Ihre Bewerbung überzeugend ist.

Wenn Sie Berufsanfänger oder Student sind

Ihre Ausbildung oder Ihr Studium geht mit großen Schritten dem Ende zu? Dann sollten Sie mit Ihrer Jobsuche nicht mehr allzu lange warten:

✔ Als Auszubildender können Sie sich bereits ein gutes halbes Jahr vor Ausbildungsende auf Ihren Traumjob bewerben.

✔ Als Student können Sie ein Jahr vor Studienende, spätestens ein halbes Jahr vorher, Ihre Bewerbung aktiv angehen.

✔ Bewerberauswahlverfahren für Berufseinsteiger setzen sich oft aus Assessment-Center und Vorstellungsgespräch zusammen (mehr über dieses Auswahlverfahren finden Sie im Buch *Assessment-Center für Dummies*; ebenfalls im Verlag Wiley-VCH erschienen). Beide Auswahlverfahren ergänzen sich und werden meist zeitlich voneinander losgelöst durchgeführt. Da kann es auch schon mal passieren, dass Sie monatelang auf eine Antwort Ihres potenziellen Arbeitgebers warten müssen. Bewerben Sie sich erst kurz vor Ausbildungs- oder Studienende, müssen Sie mit einer Phase der Arbeitslosigkeit rechnen. Das wollen Sie nicht? Dann bewerben Sie sich frühzeitig.

Angebotene Stellen analysieren

Jedes Stellenangebot ist nach dem gleichen Schema aufgebaut:

✔ Es enthält Informationen über das Unternehmen, die mal mehr, mal weniger ausführlich sind.

✔ Die angebotene Stelle wird genannt, teilweise auch mit den entsprechenden Schwerpunkten wie zum Beispiel Industriemeister mit Fachrichtung Elektrotechnik.

✔ Die Anforderungen an Sie in dem angebotenen Job werden beschrieben.

✔ Sie erfahren, was das Unternehmen Ihnen für Ihre Mitarbeit bietet, allerdings nicht gleich in Form von Euros.

Nehmen Sie sich doch mal alle Stellenangebote, die Sie interessieren und breiten Sie diese auf einem Tisch nebeneinander aus. Fällt Ihnen auf, wie ähnlich alle Angebote sind? Dann werden Sie spätestens am Ende dieses Kapitels Ihre Traumjobs perfekt analysieren und beurteilen können, ob der Job wirklich Ihr Traum ist.

Ihr potenzieller Arbeitgeber stellt sich vor

Der Firmenname Ihres potenziellen Arbeitgebers fällt Ihnen bei jedem Stellenangebot ins Auge. Er ist die Angebotsüberschrift. Darunter oder auch seitlich angeordnet erzählt Ihnen Ihr potenzieller Arbeitgeber etwas über sich, damit Sie sich ein grobes Bild von ihm machen und bei Interesse einen Blick auf seine Firmen-Website werfen können. Ihr potenzieller Arbeitgeber beschreibt im Allgemeinen Folgendes:

✔ Wann die Firma gegründet wurde oder seit wie vielen Jahren sie existiert.

✔ Was das Unternehmen macht: ob zum Beispiel Serviceleistungen angeboten werden, welche Produkte hergestellt werden, um welche Branche es sich handelt, ob es Schwerpunkte bei den Tätigkeitsbereichen gibt.

✔ Ob es ein nationales oder ein internationales Unternehmen ist.

✔ Wo der Sitz des Unternehmens ist, das den Job anbietet.

✔ Ob es weitere Filialen oder Niederlassungen national oder international gibt.

✔ Wie viele Mitarbeiter das Unternehmen hat.

Prüfen Sie, ob in den Stellenanzeigen, die Sie interessieren, die Unternehmen zu allen genannten Punkten Angaben machen. Je mehr Angaben ein Unternehmen über sich selbst macht, desto genauer können Sie sich eine Vorstellung von Ihrem potenziellen Arbeitgeber machen. Nehmen Sie ein Blatt Papier und teilen Sie es in vier Spalten ein. Die erste Spalte bekommt die Überschrift *Mein potenzieller Arbeitgeber*. Legen Sie das Blatt Papier wieder zur Seite. Mal sehen, welche Wünsche Ihr potenzieller Arbeitgeber an Sie hat.

Diese Anforderungen stellt das Unternehmen an Sie

Erst einmal sagt Ihnen das Unternehmen, welchen Job es Ihnen anbietet. Im Anschluss kommt eine mehr oder minder ausführliche Beschreibung, was Sie in diesem Job so alles zu machen haben. Anhand dieser Aussagen erkennen Sie meistens sehr schnell, ob das der Job ist, den Sie suchen oder eher nicht. Noch klarer wird Ihre Entscheidung, wenn das Unternehmen konkrete Anforderungen an Sie stellt. Diese Anforderungen können fachlicher und/oder persönlicher Natur sein.

Zu Ihren **fachlichen Voraussetzungen** gehören:

✔ Ihre Schulbildung

✔ Eine abgeschlossene Berufsausbildung

✔ Ein abgeschlossenes Hochschulstudium

✔ Berufserfahrung im erlernten/studierten Beruf

✔ Spezifische Fachkenntnisse in Ihrem Beruf

✔ Sprachkenntnisse

✔ PC-Kenntnisse

Zu Ihren **persönlichen Voraussetzungen** zählen alle Eigenschaften, die Sie sie in Kapitel 1,»Wissen Sie, was Sie wollen?«, bei der Erarbeitung Ihres Persönlichkeitsprofils kennengelernt haben:

✔ **Eigeninitiative:** Dass Sie nicht warten, bis Ihnen jemand Ihre Aufgaben auf den Tisch legt und sagt, wie Sie diese bearbeiten sollen, sondern dass Sie aus eigenem Antrieb Aufgaben übernehmen und erledigen.

✔ **Kommunikationsfähigkeit:** Dass Sie gerne mit anderen Menschen zu tun haben und verstehen, mit diesen umzugehen.

✔ **Durchsetzungsvermögen:** Dass Sie nicht bei jedem Streit klein beigeben und mit guten Argumenten Ihre Meinung vertreten.

✔ **Belastbarkeit:** Dass Sie nicht gleich zusammenbrechen, wenn Sie mal ein bisschen mehr Arbeit auf dem Tisch haben, sondern auch dann in der Lage sind, Ihre Arbeit zu strukturieren und ordentlich zu erledigen.

Wenn zu den fachlichen Voraussetzungen noch viele persönliche Anforderungen auf Sie zutreffen und Sie überzeugt sind, dass der angebotene Job zu Ihnen passt, bewerben Sie sich. Aber nicht sofort. Nehmen Sie sich noch einen Moment Zeit, um festzustellen, was Ihnen Ihr potenzieller Arbeitgeber zu bieten hat. Was mit Ihrem Blatt Papier ist? Tragen Sie in die zweite Spalte die Überschrift *Tätigkeitsbereiche in meinem neuen Job* ein und in die dritte Spalte *Anforderungen des Unternehmens*. Jetzt schreiben Sie alles, was Sie laut Stellenangebot an Arbeit machen müssen, in die Spalte *Tätigkeitsbereiche in meinem neuen Job*. In die nächste Spalte *Anforderungen des Unternehmens* schreiben Sie alle Persönlichkeitsmerkmale, die laut Stellenangebot von Ihnen erwartet werden. So können Sie ganz einfach abgleichen, ob Ihr Können und Ihre persönlichen Fähigkeiten für den Job passen.

... und das bekommen Sie für Ihre Leistungen

Ihrem potenziellen Arbeitgeber ist klar, dass Sie ihm das Beste geben, was Sie zu bieten haben: sich mit all Ihren beruflichen und persönlichen Fähigkeiten. Indem er mit wenigen Sätzen beschreibt, was Sie erwartet oder was er Ihnen zu bieten hat, möchte er Sie noch neugieriger auf den Job machen. Er will schließlich erreichen, dass Sie sich bei ihm bewerben und nicht bei einem anderen Unternehmen. Die meisten Unternehmen machen Werbung in eigener Sache, indem sie schreiben:

✔ Wir bieten Ihnen eine abwechslungsreiche Tätigkeit in einem jungen, dynamischen Team.

Klingt doch schon mal ganz gut: der Job scheint nicht langweilig zu sein und Sie bekommen junge motivierte Kollegen.

✔ Wir arbeiten Sie sorgfältig ein.

Sie werden nicht ins kalte Wasser geworfen, sondern bekommen Ihren Job Schritt für Schritt erklärt.

✔ Wir bieten Ihnen diverse Sozialleistungen.

Nicht zu unterschätzen: Bei Sozialleistungen kann es sich um die Zahlung vermögenswirksamer Leistungen handeln, die Möglichkeit, durch Firmendirektversicherungen Ihre Altersvorsorge zu stabilisieren, und Ähnliches.

Sie sehen, die Leistungen, die Ihnen ein Unternehmen zu bieten bereit ist, sind nicht zu unterschätzen. Was tragen Sie jetzt in die vierte Spalte Ihres Blattes ein? Richtig: *Leistungen des Unternehmens*.

 Sie wünschen sich jetzt eine praktische Hilfe, mit der Sie jede Stellenanzeige systematisch analysieren können? Kein Problem. Nehmen Sie die nachstehende Checkliste und gehen Sie nochmals Punkt für Punkt die Stellenanzeige durch:

Checkliste für die Stellenanalyse

Womit wirbt die Stellenanzeige?
- Mit der Aufmachung oder dem Text?
- Mit dem Firmennamen?
- Mit der Formulierung der Stellenbeschreibung?
- Mit besonderen sozialen oder tariflichen Leistungen?
- Mit dem Gehalt?

Wie wirkt die Stellenanzeige?
- Optisch ansprechend durch viel oder wenig Text
- Übersichtlich
- Sachlich
- Seriös
- Überzogen durch Versprechungen oder Sprüche

Checkliste für die Stellenanalyse
Wenn das Unternehmen unter eigenem Namen inseriert: • Um welche Branche handelt es sich? • Wie groß ist das Unternehmen? • Wo ist der Firmensitz? • Ist das Unternehmen regional oder sogar weltweit vertreten? • Wie ist die Verkehrsanbindung für Sie? • Müssen Sie eventuell umziehen? • Welchen Eindruck versucht das Unternehmen zu erwecken? • Wie steht's um die Zukunftsaussichten des Unternehmens?
Was erwartet das Unternehmen von Ihnen? • Berufsausbildung • Studium • Berufserfahrung • Fachliche Qualifikationen • Spezialkenntnisse • Persönlichkeitsmerkmale
Weicht die angebotene Stelle von Ihren bisherigen Tätigkeiten ab? • Wenn ja: Listen Sie alles auf, was für Sie neu ist. • Können Sie diese neuen Herausforderungen erlernen? • Welche Ihrer Kenntnisse und Fähigkeiten können Sie bei der angebotenen Stelle einsetzen?
Was bietet Ihnen das Unternehmen? • Berufliche Entwicklung • Weiterbildungsmöglichkeiten • Sozialleistungen • Gehalt
Welche Unterlagen werden von Ihnen verlangt? • Vollständige Bewerbung mit allen Anlagen? • Kurzbewerbung? • Qualifikationsprofil? • Ist ein Termin gesetzt, bis zu dem Sie sich bewerben müssen? • Ist Telefonkontakt möglich oder erwünscht?

 Fassen Sie den Inhalt der Stellenanzeige mit eigenen Worten zusammen. Dabei können Sie feststellen, ob Ihr fachliches Wissen ebenso auf das Stellenangebot passt wie Ihre persönlichen Fähigkeiten. Je besser Sie das Stellenangebot mit eigenen Worten beschreiben können, desto leichter können Sie in Ihrem Vorstellungsgespräch Ihren potenziellen Arbeitgeber davon überzeugen, dass Sie der optimale Kandidat für die Stelle sind.

Warum ist es so wichtig, Stellenanzeigen genau zu lesen? Richtig: Anhand vieler Formulierungen, die in *Ihrem Profil* stehen, können Sie darauf schließen, was Sie erwartet und was von Ihnen erwartet wird, zum Beispiel:

✔ **Durchsetzungsvermögen:** Gehen Sie davon aus, dass in dem Unternehmen kein leichtes Miteinander herrscht, sondern Sie starke Nerven und eine entsprechende Hartnäckigkeit brauchen, um den Anforderungen in Ihrem Job gerecht zu werden.

✔ **Verhandlungsgeschick:** Sie haben Spaß am Feilschen, um bei allen Aktionen für das Unternehmen den größtmöglichen Gewinn zu erzielen? Dann ist das Ihr Job.

✔ **Übernahme von Verantwortung, selbstständige und eigenverantwortliche Arbeitsweise:** Sie müssen in der Lage sein, Entscheidungen zu treffen und dafür die Konsequenzen zu tragen.

 Wird Ihnen diese verantwortungsvolle Tätigkeit in einem »engagierten Team« angeboten, sind Überstunden nicht nur an der Tagesordnung, sondern selbstverständlich. Das gilt auch für Formulierungen wie »wir erwarten hohe Einsatzbereitschaft«.

✔ **Ziel- und Ergebnisorientierung:** Sie müssen Unternehmensvorgaben stringent umsetzen, im Zweifel auch auf Kosten anderer.

✔ **Vielfältige und spannende Aufgabe:** Sie müssen sich flexibel auf viele Aufgaben, die Sie parallel zu erledigen haben, einstellen. Routinearbeiten wird es nahezu keine geben.

✔ **Belastbarkeit:** Es wartet jede Menge Arbeit auf Sie!

✔ **Hohe Reisebereitschaft:** Sie werden aus dem Koffer leben.

Jetzt wissen Sie, warum Sie Stellangebote genau analysieren müssen. Damit es Ihnen ab sofort noch leichter fällt, habe ich ein schönes Beispiel für Sie. Lesen Sie weiter.

Zur Veranschaulichung: Stellenangebot und Musteranalyse

Nehmen Sie folgendes Stellenangebot und lesen Sie es durch. Mindestens zwei Mal. Nach dem zweiten Lesen greifen Sie zu Ihrem Blatt Papier und tragen alles, was Ihnen auffällt, in die vier Spalten ein.

Musteranzeige

Sitare AG

Wir, die Sitare AG, sind ein internationales Gewerbeimmobilienunternehmen mit Sitz in Deutschland, Argentinien, Spanien und Italien. Unsere Tätigkeitsfelder liegen in der Bürovermietung, Retail Services, Consult & Valuation sowie Projekt-Management. Unsere Kunden schätzen besonders unsere flexible und problemlösungsorientierte Vorgehensweise.

Für unseren Zentralbereich Kommunikation in Stuttgart suchen wir ab sofort eine engagierte

Assistenz Kommunikation (m/w)

Sie wissen, worauf es uns ankommt

Sie arbeiten intensiv an der Gestaltung unserer Corporate Design-Richtlinien (Geschäftsausstattung, Anzeigen etc.) mit, koordinieren die Anzeigenschaltung und sind verantwortlich für die Zusammenarbeit mit den Werbeagenturen. Sie erstellen und überarbeiten PowerPoint-Präsentationen und unterstützen uns bei der Text- und Bildredaktion unterschiedlicher Publikationen. Sie organisieren eigenverantwortlich Messeausstellungen.

Sie wissen, was Sie können

Wir freuen uns auf eine aufgeschlossene kommunikationsstarke Assistenz (m/w) mit abgeschlossenem Studium und erster Berufserfahrung. Sie passen in unser Team, wenn Sie Organisationstalent, strukturierte Arbeitsformen, Eigeninitiative und Selbstständigkeit mitbringen. Der sichere Umgang mit MS-Office ist unerlässlich. Sie sprechen gut Englisch und gerne eine weitere Fremdsprache.

Wir wissen, was wir an Ihnen haben

Wir bieten Ihnen eine interessante Tätigkeit in einem international geprägten Umfeld. Selbstverständlich arbeiten wir Sie sorgfältig in Ihr Aufgabengebiet ein.

Wir freuen uns auf Ihre aussagekräftigen Bewerbungsunterlagen unter Angabe Ihrer Gehaltsvorstellung an:

Sitare AG
Fabian Derro de Silva
Sita-Platz 2
70111 Stuttgart
www.sitareag.com

Wollen wir mal sehen, was Sie alles in Ihre tabellarische Übersicht eingetragen haben:

Meine Stellenanalyse

Mein potenzieller Arbeitgeber	Tätigkeitsbereiche in meinem neuen Job	Anforderungen des Unternehmens	Leistungen des Unternehmens
Sitare AG: Gewerbeimmobilien- unternehmen International (Deutschland, Argentinien, Spanien, Italien) Hauptaufgaben: Bürovermietung Retail Services Consult & Valuation Projekt-Management Starke Kundenorien- tierung, bieten flexi- ble Problemlösungen an	Assistenz Kommuni- kation: Intensive Gestaltungs- arbeit bei Corporate Design-Richtlinien Koordination der Anzeigen Verantwortlich für die Zusammenarbeit mit Werbeagenturen PowerPoint-Präsen- tationen erstellen/ beherrschen Unterstützen bei Text- und Bildredaktion Eigenverantwortliches Organisieren von Messeausstellungen	Abgeschlossenes Studium Erste Berufserfahrung Sichere MS-Office- Kenntnisse Gutes Englisch sprechen Eventuell weitere Fremdsprache Aufgeschlossenheit Kommunikationsstark Teamfähigkeit Organisationstalent Strukturiertes Arbeiten Eigeninitiative (aus- geprägt) Selbstständigkeit Belastbarkeit	Interessante Tätigkeit International geprägtes Umfeld Sorgfältige Einarbeitung

Welche Kernbotschaften können Sie den einzelnen Aussagen entnehmen?

Das sagt Ihr potenzieller Arbeitgeber über sich aus:

✔ Seine Branche (Gewerbeimmobilienunternehmen)

✔ Verweist auf seine Internationalität

✔ Beschreibt seine Hauptaufgaben

✔ Betont folgende Schwerpunkte:

Starke Kundenorientierung: Die Aussage lässt vermuten, dass der Kunde in diesem Unter-nehmen König ist, seine Wünsche und Anforderungen respektiert und erfüllt werden. Ist Ihre Kundenorientierung ebenso ausgeprägt wie die Ihres potenziellen Arbeitgebers?

Bieten flexible Problemlösungen an: Für das Unternehmen scheint es keine echten Pro-bleme zu geben, sondern nur Aufgaben, die gelöst werden müssen. Diese Aussage lässt darauf schließen, dass Mitarbeiter mit einer ausgeprägten Lösungsorientierung und einem hohen Maß an Kreativität genau richtig sind.

Bereits in Unternehmensvorstellungen können Anforderungen an Mitarbeiter ent-halten sein. Also studieren Sie genau, was Ihr potenzieller Arbeitgeber über sich selbst aussagt oder wie er beschrieben wird.

Tätigkeitsbereiche in meinem neuen Job

Sie erhalten eine Übersicht, was Sie in Ihrem neuen Job erwartet und werden bereits auf diverse Aufgaben, die Sie erfüllen müssen, hingewiesen:

✔ **Intensive Gestaltungsarbeit** bei Corporate Design-Richtlinien

> Das Wort *intensiv* deutet darauf hin, dass hier Ihr Aufgabenschwerpunkt liegen wird.

✔ **Koordination** der Anzeigen

> Koordination bedeutet, dass Sie den Überblick bewahren können und in der Lage sind, die richtigen Entscheidungen zu treffen, zum Beispiel welche Anzeigen in welcher Kombination geschaltet werden.

✔ **Verantwortlich für die Zusammenarbeit** mit Werbeagenturen

> Es wird Ihnen Verantwortung übertragen; Sie müssen in der Lage sein, mit anderen Werbeagenturen zu kommunizieren und über ein gesundes Selbstbewusstsein verfügen, um hier in Vertragsverhandlungen zu treten.

✔ **PowerPoint-Präsentationen erstellen/beherrschen**

> Es werden von Ihnen umfassende Kenntnisse in der Erstellung von PowerPoint-Präsentationen erwartet; dies ist sogar ein wichtiges Einstellungskriterium für Ihren potenziellen Arbeitgeber.

✔ **Unterstützen** bei Text- und Bildredaktion

> Es warten zusätzliche Aufgaben auf Sie, hier sogar in anderen Bereichen, in denen Sie als Helfer fungieren, sich also von anderen sagen lassen müssen, was Sie zu tun haben.

✔ **Eigenverantwortliches Organisieren** von Messeausstellungen

> Sie sind bei der Planung und Durchführung von Messeausstellungen auf sich allein gestellt und können keine Hilfe erwarten.

Unglaublich, wie viele Anforderungen an Sie bereits in der Aufgabenbeschreibung enthalten sind. Nun wissen Sie, warum eine detaillierte Analyse von Stellenangeboten notwendig ist. Mal sehen, welchen Anforderungen Sie sich noch stellen müssen:

Anforderungen des Unternehmens an mich:

Fachliche Anforderungen

✔ **Abgeschlossenes Studium**

> Die Note scheint unerheblich zu sein, sonst wäre ein *erfolgreich* abgeschlossenes Studium gefordert.

✔ **Erste Berufserfahrung**

> Praktika können durchaus ausreichend sein; Sie haben als Berufsanfänger eine Chance, den Job zu bekommen.

✔ **Gutes Englisch sprechen**

Sie sollen sich auf Englisch unterhalten können, müssen aber offensichtlich die englische Sprache nicht fließend sprechen und brauchen keine Korrespondenz in Englisch zu führen. Schulkenntnisse scheinen ausreichend zu sein.

✔ **Eventuell weitere Fremdsprache**

Wäre nett, ist aber weder ein Muss noch ein K.-o.-Kriterium für Ihre Bewerbung.

Persönliche Eigenschaften/Schlüsselqualifikationen

✔ **Aufgeschlossenheit**

Sie müssen sich für die Gedanken, Interessen, Empfindungen und Ideen anderer Menschen öffnen und somit die Voraussetzungen für gegenseitiges Verständnis schaffen.

✔ **Kommunikationsstark**

Sie müssen nicht nur reden, sondern mit Ihren Worten andere überzeugen. Diese Eigenschaft unterstreicht die Aussage *Verantwortlich für die Zusammenarbeit mit Werbeagenturen* bei der Vorstellung Ihres Aufgabenbereichs.

✔ **Teamfähigkeit**

Sie sollen andere akzeptieren, mit ihnen zusammenarbeiten und einen kollegialen Umgang pflegen. Diese Eigenschaft ergänzt die Anforderung *Unterstützen bei Text- und Bildredaktion* in der Aufgabenbeschreibung.

✔ **Organisationstalent**

Sie müssen den Überblick über Ihre Aufgaben haben; jederzeit wissen, wo Sie notwendige Informationen, Unterlagen und Materialien herbekommen, und ein hervorragendes Zeitmanagement haben, damit ja nichts schiefgeht. Diese Eigenschaft unterstreicht die Anforderung *Koordination der Anzeigen* in der Aufgabenbeschreibung.

✔ **Strukturiertes Arbeiten**

Sie müssen die richtigen Prioritäten setzen und jederzeit wissen, welche Aufgaben auf Ihrem Tisch liegen und in welcher Reihenfolge diese bearbeitet werden müssen.

✔ **Eigeninitiative (ausgeprägt)**

Um Ihre Aufgaben zu erledigen, müssen Sie selbst die Initiative ergreifen, insbesondere wenn es um die Lösung von Problemen geht; Sie geben aus eigenem Antrieb den Anstoß zu konkreten Handlungen, fällen Entscheidungen und sind sehr kreativ. Da diese Eigenschaft *ausgeprägt* sein soll, wird von Ihnen ein hohes Maß an Eigeninitiative erwartet.

✔ **Selbstständigkeit**

Sie besitzen die Fähigkeit und die Bereitschaft, für Ihr Handeln und Reden die Verantwortung zu übernehmen; Sie sorgen für sich selbst, stehen für Ihre Taten ein und tragen die Konsequenzen.

✔ **Belastbarkeit**

Zeigt sich in Ihrer Bereitschaft und Fähigkeit, sich außergewöhnlichen arbeitsintensiven Beanspruchungen auszusetzen und diese nicht zu vermeiden.

Mal sehen, was Ihnen dafür geboten wird.

Leistungen des Unternehmens:

✔ **Interessante Tätigkeit**

Es erwartet Sie eine abwechslungsreiche Arbeit, bei der Routinetätigkeiten offensichtlich kaum vorkommen.

✔ **International geprägtes Umfeld**

Das Unternehmen ist international vertreten und beschäftigt Mitarbeiter verschiedener Länder und Kulturen. So werden womöglich Ihre Sprachkenntnisse und Ihr Verständnis für andere Kulturen gefördert.

✔ **Sorgfältige Einarbeitung**

Sie werden auf keinen Fall ins kalte Wasser geworfen, sondern an die Hand genommen und sukzessive in Ihre vielen Aufgaben eingeführt.

Fassen Sie Ihre Stellenanalyse abschließend zusammen:

✔ Einen Arbeitgeber, der eine ganze Menge von sich preisgibt

✔ Eine sehr detaillierte Jobbeschreibung, aus der Ihre Schwerpunkttätigkeiten deutlich hervorgehen

✔ Jede Menge Anforderungen, denen Sie gewachsen sein müssen

✔ Drei Aussagen über die Leistungen, die Ihnen auf alle Fälle sicher geboten werden

Jetzt sind Sie dran:

✔ Haben Sie eine konkrete Vorstellung, was Sie genau in diesem Job erwartet?

✔ Stimmen die Anforderungen mit Ihrem Können und Ihren persönlichen Eigenschaften weitest gehend überein?

✔ Sind Sie neugierig auf den Job?

Bei einer geringeren Übereinstimmung als 70 Prozent überlegen Sie bitte genau, ob Sie sich auf diesen Job bewerben. Die Gefahr einer Absage ist recht groß, denn auch die Stellenanbieter wissen anhand Ihrer Unterlagen, ob Sie ein potenzieller Kandidat für die offene Position sind oder nicht. Absagen sind immer deprimierend. Ersparen Sie sie sich.

Finden die Fragen zu 70 Prozent Ihre Zustimmung, lohnt sich Ihre Bewerbung auf jeden Fall. Nutzen Sie die Chance, mit Ihrer Bewerbung zu einem Vorstellungsgespräch eingeladen zu werden. Spätestens dann können Ihre offenen Fragen geklärt werden und Sie wissen sicher, ob es der richtige Job für Sie ist oder nicht.

Sie haben alle Fragen eindeutig mit Ja beantwortet? Worauf warten Sie noch: bewerben Sie sich auf der Stelle! Das ist Ihr Job!

Teil II

Online-Bewerben leicht gemacht

In diesem Teil ... lernen Sie, Ihre Unterlagen so zu verschicken, dass sie ordentlich aufbereitet von Ihrem potenziellen Arbeitgeber ohne viel Aufwand geöffnet werden können. Sie erfahren alles über Ihre optimale E-Mail-Bewerbung und das korrekte Ausfüllen standardisierter Online-Bewerbungsformulare. Des Weiteren erkläre ich Ihnen ausführlich, wie Sie auf Firmen-Websites Ihren potenziellen Arbeitgeber neugierig auf sich machen und wie Sie durch das Schalten interessanter Suchanzeigen Werbung in eigener Sache machen.

So verschicken Sie Ihre Unterlagen online

In diesem Kapitel

▶ Scannen will gelernt sein

▶ Weniger ist beim Online-Bewerben oft mehr

▶ Welche Fettnäpfchen Sie vermeiden müssen

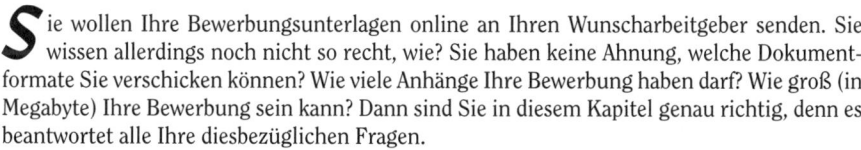

Sie wollen Ihre Bewerbungsunterlagen online an Ihren Wunscharbeitgeber senden. Sie wissen allerdings noch nicht so recht, wie? Sie haben keine Ahnung, welche Dokumentformate Sie verschicken können? Wie viele Anhänge Ihre Bewerbung haben darf? Wie groß (in Megabyte) Ihre Bewerbung sein kann? Dann sind Sie in diesem Kapitel genau richtig, denn es beantwortet alle Ihre diesbezüglichen Fragen.

Den Versand Ihrer Online-Bewerbungsunterlagen vorbereiten

Es gibt Dateiformate in Hülle und Fülle. Aber nicht jedes Dateiformat ist zum Versand Ihrer Online-Bewerbung geeignet.

✔ Jede an Ihre Online-Bewerbung angehängte Datei macht bei Ihrem potenziellen Arbeitgeber einen erneuten Ladevorgang erforderlich.

✔ Meistens müssen alle E-Mails samt Anhang erst einmal durch einen Virenscanner gejagt werden. Das kostet ebenfalls unnötig viel Zeit.

✔ Oft müssen Ihre Dateianhänge aus Sicherheitsgründen zwischengespeichert werden und können erst nach der Sicherheitsprüfung geöffnet werden. Das dauert und dauert …

Wenn dann noch Ihr potenzieller Arbeitgeber bereits vier, fünf Anwendungen auf seinem Computer geöffnet hat und nun noch drei, vier zusätzliche Fenster öffnen muss, um Ihre Bewerbungsunterlagen komplett zu haben, kann er schnell den Überblick verlieren. Damit Sie von der ersten Sekunde an einen guten Eindruck machen, brauchen Sie einen guten Überblick über die Dateiformate, die Ihre Online-Bewerbung einfach und unkompliziert bei Ihrem potenziellen Arbeitgeber ankommen lässt.

 Falls nicht direkt in der Stellenausschreibung oder den entsprechenden Webseiten des Unternehmens eindeutig erwähnt, rufen Sie bei Ihrem Wunscharbeitgeber an und fragen Sie, in welcher Form eine elektronische Bewerbung gewünscht ist:

✔ Einige Unternehmen möchten Ihre Bewerbungsunterlagen als Word-Dokument zugeschickt haben.

✔ Die meisten Unternehmen bevorzugen Ihre Bewerbungsunterlagen im PDF-Format. Häufig werden zwei PDF-Dateien verlangt: Ihr Anschreiben als separate PDF-Datei und alle anderen Bewerbungsunterlagen zusammengefasst in einer zweiten PDF-Datei.

Beweisen Sie auch bei Ihrer Online-Bewerbung Stil. Schicken Sie Ihre Bewerbungsunterlagen nicht wie Kraut und Rüben durcheinander an Ihren potenziellen Arbeitgeber. Welche Unterlagen gehören in welcher Reihenfolge in Ihre Online-Bewerbung?

✔ Ihr Anschreiben

✔ Ihr Bewerbungsfoto (falls Sie eines senden möchten) entweder auf einem separaten Deckblatt oder integriert in Ihren Lebenslauf

✔ Ihr Lebenslauf

✔ Ihre Arbeitszeugnisse (falls vorhanden)

✔ Ihr Hochschulabschlusszeugnis (falls vorhanden)

✔ Ihre Praktikanachweise (falls vorhanden)

✔ Sonstige Nachweise zum Beispiel über Ihre Weiterbildungsaktivitäten

✔ Ihr letztes Schulzeugnis

Wenn Sie all Ihre Bewerbungsunterlagen sortiert vor sich liegen haben, können Sie Ihre Papierdokumente in elektronische Dateien umwandeln. Das geht ganz einfach mit einem Scanner.

Die eingescannte Bewerbungsmappe

Scanner ist die englische Bezeichnung für ein Datenerfassungsgerät. Für die Erfassung von größeren Mengen an Schriftgut werden *Flachbettscanner* mit oder ohne Stapeleinzug oder *Einzugsscanner* verwendet.

Einzugsscanner und Flachbettscanner mit Stapeleinzug funktionieren vom Grundsatz her wie ein Faxgerät:

✔ Jedes Faxgerät besteht für seine Sende-Einrichtung aus einem Einzugsscanner.

✔ Dafür sind lichtempfindliche Sensoren fest im Gerät eingebaut, an denen das Faxdokument entlanggeführt wird.

✔ Das Faxgerät arbeitet mit einem reinen Schwarz-Weiß-Betrieb und erkennt deshalb weder Farben noch Graustufen.

✔ Ihr Scanner kann da viel mehr. Sowohl Einzugsscanner als auch Flachbettscanner erkennen Graustufen und Farben.

 Denken Sie an Ihr Bewerbungsfoto. Mit einem Scanner können Sie es einscannen und so in Ihre Bewerbungsunterlagen integrieren.

✔ Der Nachteil bei Scannern mit Einzug besteht darin, dass es beim Einziehen Ihrer Dokumente manchmal zu hässlichen Randverzerrungen kommen kann, die Ihr Dokument recht unleserlich machen.

Flachbettscanner ohne Stapeleinzug arbeiten mit dem gleichen Prinzip wie ein Kopiergerät:

✔ Sie legen das Dokument auf die Glasscheibe, machen den Deckel zu und drücken die »Start«-Taste.

✔ Ansonsten funktioniert diese Art Scanner genauso wie die beiden Scannertypen mit Stapeleinzug.

✔ Da Sie beim Flachbettscanner ohne Einzug Ihre Dokumente einzeln auf die Glasscheibe legen, kommt es beim Scannen nicht zu hässlichen Randverzerrungen.

Für welchen Scannertyp Sie sich nun entscheiden, bleibt natürlich Ihnen überlassen. Die Preisspanne für Scanner ist sehr groß und abhängig von den verfügbaren Funktionen. Lassen Sie sich am besten fachkundig beraten und kaufen Sie erst dann einen Scanner, wenn Sie sicher sind, dass er Ihre Wünsche erfüllt.

 Eines kann ich Ihnen nicht ersparen: Sie müssen auf jeden Fall die Bedienungsanleitung Ihres Scanners lesen, bevor Sie mit dem Einscannen Ihrer Unterlagen beginnen.

Dieses Buch kann Ihnen keine detaillierte Anleitung geben, wie Sie Ihren Scanner installieren, da der Installationsablauf bei jedem Gerät anders ist. Im Allgemeinen schließen Sie Ihren Scanner mit einem USB-Kabel an Ihr Notebook oder Ihren Desktopcomputer an. Mit USB ausgestattete Geräte können im laufenden Betrieb miteinander verbunden werden. Angeschlossene Geräte sowie deren Eigenschaften werden in der Regel automatisch erkannt.

Ihr Notebook oder Desktopcomputer zeigt Ihnen je nach Betriebssystem auf dem Bildschirm an, dass eine »neue Hardware« erkannt wurde, und fragt Sie, ob Sie diese installieren wollen. Starten Sie das Installationsprogramm. Das Installationsprogramm läuft selbstständig. Ist der Scanner installiert, können Sie mit dem Einscannen Ihrer Bewerbungsunterlagen beginnen. Einscannen kann zum Beispiel so ablaufen:

✔ Haben Sie einen Scanner ohne Stapeleinzug, legen Sie das erste Dokument mit der zu scannenden Seite, also mit der Schrift nach unten, auf die Glasplatte. Wenn Sie einen Scanner mit Stapeleinzug haben, müssen Sie in der Bedienungsanleitung nachlesen, ob Sie Ihre Dokumente mit der Schrift nach oben oder nach unten in die Papierzuführung legen müssen.

✔ Drücken Sie auf dem Bedienfeld des Scanners die betreffende Taste zum Scannen. Auf Ihrem Bildschirm öffnet sich das Scanner-Programm und fragt Sie, in welchem zur Verfügung stehenden Format Sie Ihre Dokumente speichern wollen. Sie können verschiedene Grafikformate auswählen:

- **.jpg oder .jpeg:** Wurde von einem Gremium namens Joint Photographic Experts Group für die Speicherung von Bildern geschaffen. Dieses Format ist mit die geläufigste Speicherform für eingescannte Unterlagen mit von Ihnen über die Komprimierungseinstellungen festlegbarer Qualität.

- **.gif:** Steht für Graphics Interchange Format. Es ist ein Grafikformat, das eine gute, verlustfreie Komprimierung garantiert und sich daher für Unterlagen und für Bilder mit geringer Farbtiefe eignet.

- **.bmp:** Windows Bitmap oder device-independent bitmap (.dib) ist ein Grafikformat, das eigens für die Betriebssysteme von Microsoft Windows und OS/2 entwickelt wurde. Da BMP-Dateien wesentlich größer sind als komprimierte Formate wie JPG und PNG, eignet sich dieses Format weniger zum Speichern Ihrer gescannten Dokumente.

- **.png:** png steht für Portable Network Graphics und ist ein Grafikformat mit verlustfreier Bildkompression. Das bedeutet, dass Farben und Schattierungen optimal eingescannt werden. Dieses Format ist ein universelles, anerkanntes Format und eignet sich sehr gut für das Scannen Ihrer Bewerbungsunterlagen.

 Wenn Sie nicht wissen, welches der vom Scanner angebotenen Formate das richtige für Ihre Unterlagen ist, probieren Sie die verschiedenen Formate nacheinander aus. Schauen Sie sich die unterschiedlichen Ergebnisse an und entscheiden Sie sich für das Format mit der besten Auflösung und einer Speicherkapazität, die nicht größer ist als zwei Megabyte.

✔ Haben Sie sich für ein Format entschieden, werden Sie gefragt, in welcher Datei Sie das eingescannte Dokument speichern wollen.

 Geben Sie Ihren eingescannten Bewerbungsunterlagen einen passenden Namen und speichern Sie sie in einem geeigneten Ordner auf Ihrem Computer, damit Sie sie jederzeit einfach identifizieren können.

✔ Ihr Scanner hat verschiedene Menüfunktionen. Diese Menüfunktionen sind entweder über ein Bedienfeld an Ihrem Scanner aufrufbar oder sie erscheinen als Auswahlmenü auf Ihrem Bildschirm. Die Funktionen bieten Ihnen die Möglichkeit, spezielle Einstellungen vorzunehmen, damit Ihre Dokumente leserlich eingescannt werden:

- Über die Funktion HELLER/DUNKLER oder KONTRAST können Sie die Helligkeit und die Intensität der Graustufen anpassen.

- Mittels der Funktion AUFLÖSUNG können Sie die Qualität Ihrer Dokumente anpassen. Für Ihre Bewerbungsunterlagen sollten Sie mindestens 150 dpi (dots per inch, eine Maßeinheit für die Auflösung im Druck und anderen Wiedergabesystemen) verwenden. Je höher die Auflösung, desto größer wird allerdings auch die gespeicherte Datei.

✔ Haben Sie die Einstellungen beendet, wählen Sie die Funktion SCANNEN, um den Scanvorgang zu starten.

✔ Nach erfolgreichem Scannen der Unterlagen erscheint das eingescannte Dokument auf Ihrem Bildschirm.

Jetzt verfügen Sie über Ihre Bewerbungsunterlagen in digitalisierter Form, die Sie beispielsweise als einzelne Bilddateien für Ihre Online-Bewerbung verwenden können. Geschickter und in der Regel auch gefordert ist jedoch die Aufbereitung dieser gescannten Unterlagen in einer PDF-Datei, wobei mehrere Dokumente in einer einzigen Datei zusammengeführt werden.

Ihre Bewerbungsmappe als PDF-Datei

PDF (Portable Document Format) ist ein Dateiformat, mit dem Sie unkompliziert Daten weitergeben können. PDFs sind die empfängerfreundlichste Variante, weil

✔ PDF-Dateien nicht virenanfällig sind.

✔ PDFs in der Regel um einiges kleiner sind als Dateien in anderen Formaten.

✔ PDFs sich – wenn beim Erstellen entsprechende Einstellungen vorgenommen wurden – nicht verändern lassen, sodass Ihre Daten geschützt sind.

Wenn Sie all Ihre Anlagen entsprechend aufbereitet vorliegen haben, können Sie Ihre Online-Bewerbungsmappe in einer einzigen PDF-Datei zusammenfassen. Allerdings kann es passieren, dass Ihre Datei dann die maximale Größe von zwei bis drei Megabyte übersteigt.

 Speichern Sie Ihre Bewerbungsunterlagen in zwei oder drei PDF-Dateien ab. Ihr Anschreiben ist eine PDF-Datei, Lebenslauf und sonstige Bewerbungsunterlagen fassen Sie in einer zweiten PDF-Datei zusammen. Alternativ können Sie Ihr Anschreiben und Ihren Lebenslauf in zwei getrennten PDF-Dateien speichern. Die dritte PDF-Datei enthält dann alle weiteren Bewerbungsunterlagen.

Wenn Sie in Ihrem Software-Paket keinen PDF-Konverter haben, nutzen Sie doch einmal wieder das Internet! Wählen Sie eine Suchmaschine und geben Sie *PDF Konverter* ein. Ein Mausklick und Sie bekommen einen Überblick über viele verschiedene Anbieter. Es gibt kostenpflichtige, aber auch viele kostenlose Angebote. Schauen Sie sich die Angebote an. Bei allen Anbietern erhalten Sie einen Überblick über die Leistungen des PDF-Konverters.

 Verwechseln Sie den PDF-Reader nicht mit dem PDF-Konverter. Den PDF-Reader brauchen Sie, um bereits bestehende PDF-Dateien ansehen und ausdrucken zu können. Sie können mit dem PDF-Reader aber keine Dokumente in eine PDF-Datei umwandeln. Das funktioniert nur mit dem PDF-Konverter, der auch als PDF-Writer bezeichnet wird.

Der praktische Helfer: PDF-Writer

Mit einem PDF-Writer lassen sich Texte, Bilder und Grafiken in das PDF-Format umwandeln. Auch bei PDF-Writern gibt es viele verschiedene Typen. Die am häufigsten genutzten PDF-Writer installieren sich wie ein Druckertreiber. So können Sie aus jeder beliebigen Anwendung Ihre Dokumente im PDF-Format erstellen.

Um das grundsätzliche Verfahren zu schildern, zeige ich Ihnen im Folgenden, wie Sie aus einem Word-Dokument eine PDF-Datei erzeugen (wie Sie mehrere Dokumente, Grafikdateien etc. in einer gemeinsamen PDF-Datei zusammenführen, erfahren Sie weiter hinten in diesem Kapitel):

1. **Öffnen Sie Ihr in Word gespeichertes Dokument, zum Beispiel Ihr Anschreiben.**

2. **Wählen Sie im Menü DATEI den Befehl DRUCKEN.**

   Es erscheint ein Dialogfeld, in dem im Feld NAME die Bezeichnung Ihres Standarddruckers angegeben ist.

3. **Klicken Sie auf den Dropdownpfeil rechts neben dem Namensfeld, um die Liste der verfügbaren Drucker anzuzeigen.**

4. **Klicken Sie auf den Namen Ihres PDF-Writers.**

In Word für Mac können Sie bequemerweise direkt über das Popupmenü PDF, das sich links unten im Druckendialog befindet, Ihr Dokument als PDF sichern.

5. **Klicken Sie auf OK.**

6. **Je nach verwendetem PDF-Writer können Sie jetzt oder erst nachdem das PDF-Dokument im zugehörigen Programm angezeigt wurde, einen Speicherort für die PDF-Datei festlegen.**

   Auf Ihrem Bildschirm öffnet sich ein Fenster mit der Darstellung der soeben erzeugten PDF-Datei mit Ihrem Anschreiben.

7. **Kontrollieren Sie, ob alles wie beabsichtigt angezeigt wird.**

   Sollten Korrekturen vorgenommen werden müssen, müssen Sie diese natürlich in der ursprünglichen Datei im Ursprungsprogramm – in diesem Beispiel in dem Word-Dokument, das das Anschreiben entfällt – durchführen. Anschließend müssen Sie erneut eine PDF-Datei von diesem bearbeiteten Dokument erzeugen.

8. **Schließen Sie die PDF-Datei.**

   Wie erwähnt, werden Sie eventuell erst jetzt aufgefordert, die PDF-Datei zu speichern (siehe Schritt 6).

Das Ergebnis ist ein plattformunabhängiges Dokument. Das bedeutet, die Inhalte der PDF-Datei (hier im Beispiel Ihr Anschreiben) werden auf dem Bildschirm Ihres potenziellen Arbeitgebers genauso dargestellt wie auf Ihrem Bildschirm.

Auch Ihr Bewerbungsfoto, das Sie zum Beispiel als JPG-Datei gespeichert haben, können Sie grundsätzlich mit einem PDF-Writer in ein PDF-Dokument konvertieren – allerdings sollten Sie Ihr Bewerbungsfoto nicht in einem separaten PDF-Dokument oder als separate Seite in Ihrer Gesamt-PDF-Datei Ihrer Bewerbung beifügen, sondern es beispielsweise in Ihren Lebenslauf, oder wo auch immer es Ihnen geeignet scheint, integrieren (siehe hierzu die Beispiele in Teil III »Aufbereiten Ihrer schriftlichen Unterlagen«).

PDF-Writer bieten Ihnen über zusätzliche Funktionen das Feinjustieren Ihrer PDF-Dokumente bis hin zu Sicherheitseinstellungen an:

✔ Mit der Feinjustierung können Sie die Auflösung Ihres PDF-Dokuments einstellen.

✔ Die Sicherheitseinstellungen ermöglichen Ihnen zum Beispiel die Vergabe von Passwörtern zum Öffnen und/oder Bearbeiten des PDF-Dokuments.

 Bewerbungsdokumente mit einem Passwort zu schützen ist nicht üblich. Wenn Sie das aus persönlichen Gründen machen möchten, denken Sie daran, Ihrem potenziellen Arbeitgeber das Passwort mitzuteilen, da er ansonsten Ihre Bewerbungsunterlagen nicht einsehen kann.

Mit einem PDF-Writer lassen sich auch beliebig viele Dokumente aus unterschiedlichen druckfähigen Anwendungen wie zum Beispiel Word, PowerPoint und branchenspezifischen Programmen zu einer einzigen PDF-Datei zusammenfügen. Ebenso können Sie mit Ihrem PDF-Writer all Ihre eingescannten Bewerbungsunterlagen, die Sie in einem Grafikformat wie zum Beispiel .jpg, .png oder Ähnliches einzeln abgespeichert haben, in einer PDF-Datei zusammenführen. Das geht grundlegend so:

1. **Erstellen Sie ein PDF-Dokument wie zuvor in diesem Kapitel beschrieben und lassen Sie es geöffnet.**

2. **Wählen Sie den Befehl zum Hinzufügen weiterer Dokumente beziehungsweise Seiten.**

   Je nach verwendetem PDF-Writer finden Sie einen solchen Befehl beispielsweise im Menü DOKUMENT oder im Kontextmenü (das Sie mit der rechten Maustaste beziehungsweise durch ⌈ctrl⌉ + Klicken öffnen).

3. **Wählen Sie im sich daraufhin öffnenden Dialogfeld die nächste Datei aus, die Sie zu Ihrem PDF-Dokument hinzufügen wollen.**

4. **Legen Sie gegebenenfalls fest, an welcher Stelle die neue Seite eingefügt werden soll – vor oder nach der aktuellen Seite, ganz am Anfang des Dokuments oder als letzte Seite.**

   Die ausgewählte Datei erscheint als neue Seite in Ihrem PDF-Dokument auf dem Bildschirm.

5. **Wiederholen Sie diese Schritte für die weiteren gewünschten Dateien.**

6. **Mit dem Menübefehl DATEI‖SPEICHERN schließen Sie den Vorgang ab.**

Das Ergebnis ist ein einziges PDF-Dokument, das die von Ihnen ausgewählten Bewerbungsdokumente in der angegebenen Reihenfolge enthält.

 Achten Sie auf die Größe Ihrer PDF-Datei. Sie sollte maximal drei Megabyte haben.

Finger weg! Was beim Versand nicht passieren darf

Sie haben jetzt all Ihre Bewerbungsunterlagen entweder eingescannt als separate Grafikdateien oder über einen PDF-Writer in Form von einer oder mehreren PDF-Dateien gespeichert. Bevor Sie Ihre Bewerbungsunterlagen an Ihren potenziellen Arbeitgeber schicken können, haben Sie noch einmal alle Hände voll zu tun:

✔ Prüfen Sie, ob auch tatsächlich alle Bewerbungsunterlagen vollständig erfasst sind. Wie peinlich, wenn bei einem Ihrer Dokumente das Blatt schief eingezogen oder der Rand abgeschnitten wurde oder die Schrift so verzerrt ist, dass es unleserlich geworden ist!

✔ Sie sind so stolz auf Ihr tolles Bewerbungsfoto, aber es will Ihnen einfach nicht gelingen, es so richtig gut einzuscannen? Dann lassen Sie es lieber weg. Sie können es mitschicken, aber Sie müssen es nicht.

✔ Wie groß sind Ihre Bewerbungsdateien? Bleiben Sie in dem Rahmen von zwei bis maximal drei Megabyte? Am besten checken Sie das so:

Öffnen Sie den Ordner, in dem Sie Ihre Bewerbungsdateien gespeichert haben. Wenn Sie den Mauszeiger auf einem Dokument platzieren (nicht klicken!), wird in einer sogenannten QuickInfo unter anderem angezeigt, in welchem Format dieses Dokument gespeichert ist und wie groß die Datei ist. Falls die QuickInfo nicht automatisch angezeigt wird, klicken Sie mit der rechten Maustaste auf das betreffende Dokument und wählen dann im Kontextmenü den Befehl EIGENSCHAFTEN, um die gewünschten Informationen zu erhalten.

In Mac OS markieren Sie die betreffende Datei, drücken die Tastenkombination ⌘ + I und können dann im sich daraufhin öffnenden Informationenfenster die entsprechenden Daten ablesen.

Bingo! Jetzt wissen Sie Bescheid.

Wenn Sie mehrere Bewerbungsdateien für Ihre Online-Bewerbung gespeichert haben, zum Beispiel Anschreiben und Lebenslauf getrennt von Ihren Zeugnissen, müssen Sie die beiden Angaben der Speicherkapazität addieren. Dann wissen Sie, wie umfangreich Ihre komplette Bewerbung ist.

Sollten Ihre Bewerbungsdateien tatsächlich viel mehr als drei Megabyte groß sein, überlegen Sie sich gut, ob alle Unterlagen, die Sie reingepackt haben, auch tatsächlich für Ihren potenziellen Arbeitgeber wichtig sind. Anschreiben und Lebenslauf sowie Ihr aktuelles Zeugnis sind obligatorisch.

Auf den Versand aller anderen Bewerbungsunterlagen können Sie im Zweifel erst einmal verzichten, wenn Ihre Bewerbungsdatei tatsächlich so umfangreich ist. Bieten Sie Ihrem potenziellen Arbeitgeber an, alle weiteren Bewerbungsunterlagen auf Wunsch nachzureichen.

Zeugniskopien separat per Post zu schicken ist das Schlimmste, was Sie Ihrem potenziellen Arbeitgeber antun können. Der muss dann nämlich Ihre Online-Bewerbung mit den Zeugnissen zusammenführen und im Falle einer Absage wieder auseinandersortieren, weil Ihnen Ihre Zeugnisse auch wieder auf dem Postweg zurückgesandt werden müssen. Im Falle einer Absage darf er nur Ihr Anschreiben behalten und muss Ihnen alle anderen Bewerbungsunterlagen wieder zurückgeben. Ihr Wunscharbeitgeber hat somit unnötig viel Arbeit mit Ihnen und zusätzlich noch die Portokosten.

E-Mails bekommt jeder gern

Eine Bewerbung auf dem elektronischen Weg Ihrem Wunscharbeitgeber zuzusenden ist heutzutage die häufigste und beliebteste Methode. Auch wenn Sie es gewohnt sind, mit Ihren Freunden und Bekannten täglich per E-Mail zu kommunizieren, müssen Sie bei Ihrer Bewerbungsmail einige Feinheiten beachten.

Sie haben bei einer E-Mail-Bewerbung verschiedene Gestaltungsmöglichkeiten:

1. **Öffnen Sie eine neue E-Mail in Ihrem Mailprogramm.**

   Hier im Beispiel wird Microsoft Outlook stellvertretend für andere Mailprogramme verwendet, in denen die grundlegenden Verfahrensweisen prinzipiell ähnlich sein dürften.

2. **In der Regel können Sie in aktuellen Mailprogrammen über das Menü FORMAT beziehungsweise eine Dropdownliste in der Symbolleiste des Mailformulars das grundlegende Format auswählen, in dem Sie Ihre E-Mail schreiben wollen. Entscheiden Sie sich zwischen NUR-TEXT, HTML und RICH-TEXT.**

   ◆ RICH-TEXT ist im Zusammenhang mit E-Mail nicht das von Textverarbeitungsprogrammen her bekannte »universelle« Format, sondern ein spezielles Format, das nur von Microsoft Outlook, Outlook Express und Exchange-Client korrekt angezeigt werden kann. Bei der Anzeige in anderen Mailprogrammen gehen die Formatierungen verloren. Wählen Sie dieses Format – wenn überhaupt – nur dann, wenn absolut klar ist, dass der Mailempfänger ein kompatibles Programm verwendet.

   ◆ Mit der Option HTML können Sie ähnlich wie in einem Textverarbeitungsprogramm formatierte Mailtexte erstellen. Obwohl in vielen aktuellen Mailprogrammen HTML als Standard eingestellt ist, sind auch heutzutage nach wie vor Mailprogramme im Einsatz, die keine HTML-Nachrichten anzeigen können. Außerdem sind so formatierte Mails virenanfällig, können Schadcodes enthalten und können deshalb automatisch vom E-Mail-Programm Ihres potenziellen Arbeitgebers in den Spam-Ordner befördert werden. Ebenso gut kann es sein, dass HTML-E-Mails beim Empfänger automatisch in das Nur-Text-Format umgewandelt werden und nicht mehr sichergestellt ist, dass Ihr Mailtext noch wie beabsichtigt dargestellt wird (etwa wenn Sie den Text mit Tabulatoren in eine bestimmte Anordnung gebracht haben).

   ◆ Wie die Bezeichnung der Option NUR-TEXT schon andeutet, sind mit dieser Einstellung keinerlei Formatierungen möglich, das heißt, der Mailtext wird mit der in den Programmeinstellungen festgelegten Schriftart und -größe dargestellt.

3. **Haben Sie sich für die grundlegende Formatoption HTML (oder RICH-TEXT) entschieden, legen Sie als Nächstes die grundlegende Zeichenformatierung fest. Wählen Sie hierzu im Menü FORMAT den Befehl ZEICHEN (siehe Abbildung 4.1).**

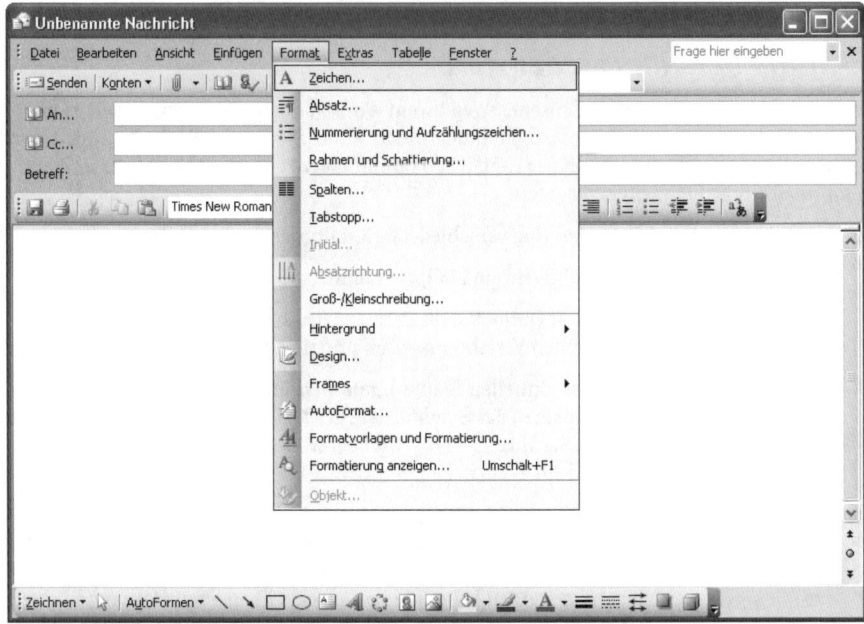

Abbildung 4.1: Das Menü FORMAT mit den Optionen zur Festlegung der Formatierung

Wie bei einem Textverarbeitungsprogramm haben Sie nun einige Auswahlmöglichkeiten, mit denen Sie Ihre E-Mail individuell gestalten können: Sie können Schriftart, Schriftgröße, Schriftfarbe, Schriftschnitt, Zeichenabstand etc. festlegen (siehe Abbildung 4.2).

 Übertreiben Sie es nicht. Statt schwarzer Schriftfarbe ein freundliches Blau und die Schriftgröße 12 zu wählen ist noch akzeptabel, aber ansonsten gilt hier das Gleiche wie bei Ihrem Anschreiben und Lebenslauf: Weniger ist mehr. Bestechen Sie durch die schlichte und übersichtliche Gestaltung Ihrer E-Mail. Damit punkten Sie bei Ihrem potenziellen Arbeitgeber.

4. **Über den Menüpunkt FORMAT|ABSATZ können Sie unter anderem Einstellungen hinsichtlich der Einzüge und Abstände vornehmen (siehe Abbildung 4.3).**

Im Allgemeinen sollten Sie den einfachen Zeilenabstand und die Voreinstellungen für Zeilen- und Seitenumbruch jedoch beibehalten.

Abbildung 4.2: Wählen Sie eine ansprechende Zeichenformatierung aus.

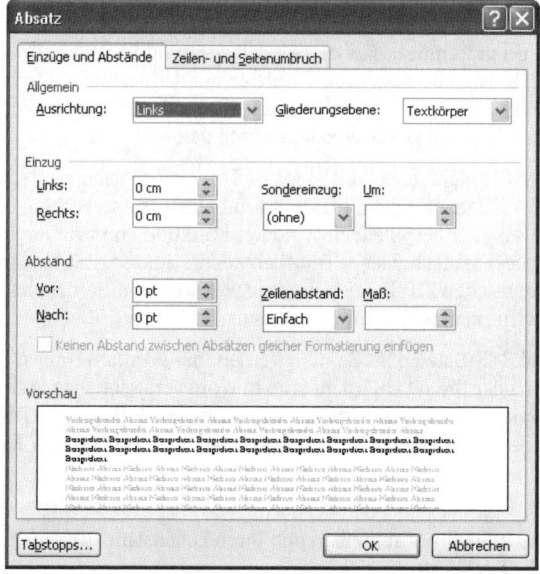

Abbildung 4.3: So optimieren Sie die Optik Ihres E-Mail-Textes.

Auch wenn das von Ihnen verwendete Mailprogramm viele weitere Formatierungs- und Gestaltungsmöglichkeiten für Ihre Mails bietet – etwa animierte Texteffekte, Hintergrundbilder oder Briefpapier – und es Ihnen in den Fingern juckt, diese Funktionen zu verwenden, lassen Sie es bleiben. Das mag für private Mails gehen – in seriösen Bewerbungsmails hat das alles nichts zu suchen.

Apropos: Wenn es in der Stellenausschreibung gefordert ist oder wenn Sie nicht absolut sicher sind, dass in dem Unternehmen, bei dem Sie sich per Mail bewerben, überhaupt formatierte E-Mails akzeptiert werden, wählen Sie besser die Option Nur-Text beim Verfassen Ihrer Bewerbungsmail. Ansonsten kann es Ihnen passieren, dass Sie Ihre Chance einfach so vertan haben, weil Ihre Bewerbung niemals den Posteingang des betreffenden Personalers erreicht.

E-Mail-Anhänge im passenden Format

Sie haben Ihre Bewerbungsunterlagen als eingescannte Grafikdateien oder in Form von PDF-Dateien auf Ihrem Computer gespeichert. Falls Sie Ihr Anschreiben und Ihren Lebenslauf beispielsweise als Word-Dokument gespeichert (*DOC-Dateien*) haben, müssen Sie folgende Nachteile dieser Dateiform beachten:

✔ Formatierung und Layout bleiben aufgrund der von den verschiedenen Personen verwendeten unterschiedlichen Word-Versionen und der auf den unterschiedlichen Systemen installierten Schriften häufig nicht erhalten.

✔ Sie sind besonders anfällig für sogenannte Makroviren. Ein Makrovirus ist ein »bösartiger Code« und so programmiert, dass er sich selbstständig in andere Dokumente einnistet, Dokumentinhalte verändert oder sogar Dateien auf der Festplatte löscht. Deshalb werden Dateien mit Makros sehr oft bereits durch die Firewall oder andere Sicherheitsmechanismen von Unternehmen abgewiesen oder einfach gelöscht.

Glauben Sie nicht, dass Sie dieses Problem einfach dadurch lösen können, dass Sie Ihre Word-Dateien zippen (das heißt mit einem entsprechenden Programm beziehungsweise der betreffenden Windows-Funktion komprimieren). Ihr potenzieller Arbeitgeber ist technisch vermutlich anders ausgerüstet als Sie. Sie verursachen ihm mit solchen ZIP-Dateien unnötig viel Arbeit. Außerdem haben Sie damit dem Makrovirus keinesfalls den Garaus gemacht.

Makrovirenfrei sind RTF-Dateien. Außerdem werden ihre Formatierungen beibehalten. Wenn Sie Ihr Anschreiben oder Ihren Lebenslauf etwa in Word verfasst haben, wählen Sie den Menübefehl Datei|Speichern unter, stellen im Feld Dateityp die Option Rich Text Format ein und klicken dann auf Speichern, um Ihre DOC-Datei in eine RTF-Datei zu konvertieren (siehe Abbildung 4.4).

Speichern Sie Ihr Anschreiben und Ihren Lebenslauf zusätzlich zum DOC-Format als RTF-Dateien ab.

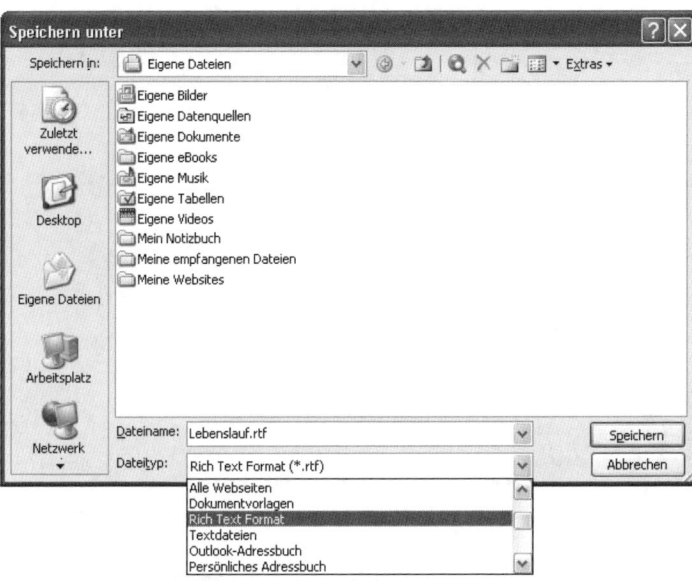

Abbildung 4.4: Speichern Sie Ihr Anschreiben und Ihren Lebenslauf als RTF-Dateien.

Jetzt können Sie Ihre Bewerbungsunterlagen als Anhang in Ihre E-Mail integrieren. Gehen Sie dazu wie folgt vor:

1. **Öffnen Sie eine neue E-Mail.**

2. **Klicken Sie in der Menüleiste auf** EINFÜGEN **und dann auf** DATEI.

    Dieser Befehl kann abhängig vom verwendeten Mailprogramm auch ANFÜGEN, BEIFÜGEN oder ähnlich heißen.

3. **Wählen Sie im sich daraufhin öffnenden Dialogfeld die Datei(en) aus, die als Anhang zu Ihrer Mail mitgeschickt werden soll(en), und klicken Sie dann auf** EINFÜGEN **(siehe Abbildung 4.5).**

Schon erscheinen die von Ihnen gewählten Dateien als Anhang in Ihrer E-Mail (siehe Abbildung 4.6).

Ihre Bewerbungsunterlagen sind versandfertig. Wie Sie sich einfach und unkompliziert per E-Mail bewerben, erkläre ich Ihnen im nächsten Kapitel.

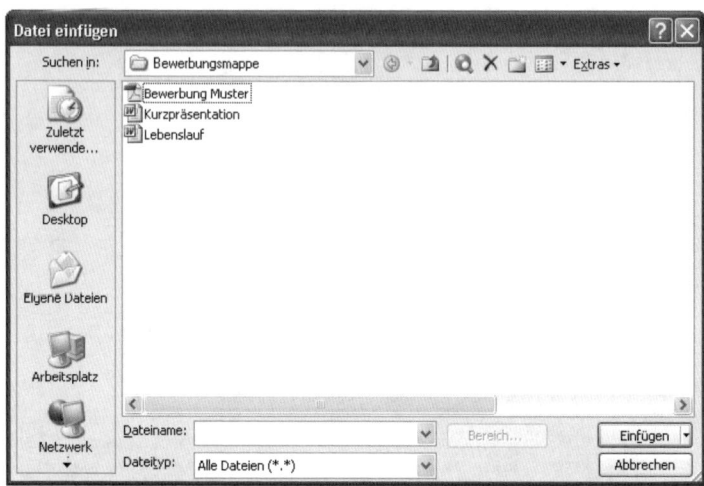

Abbildung 4.5: Welche Unterlagen wollen Sie Ihrer Mail beifügen?

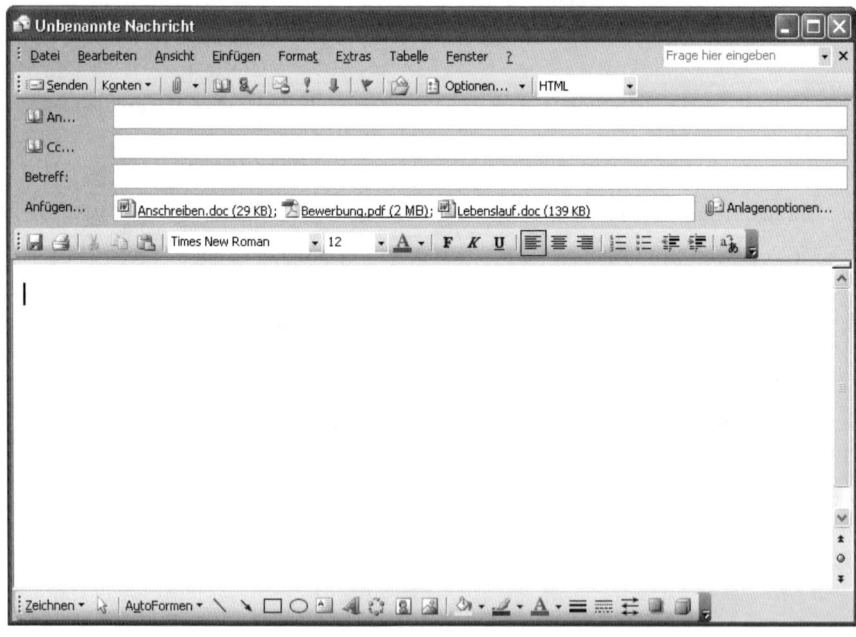

Abbildung 4.6: Jetzt können Sie Ihre Online-Bewerbung per E-Mail starten.

Bewerben per E-Mail

In diesem Kapitel

▶ Beeindrucken Sie mit der richtigen E-Mail

▶ Vergessen Sie Ihre Anlagen nicht

▶ Ergreifen Sie Initiative

Gehören Sie zu denen, die täglich Dutzende von E-Mails schreiben, entweder aus beruflichen Gründen oder privat? Bei privaten E-Mails haben Sie sicherlich einen lockeren Umgangston, der sich auch in Ihrer Schriftsprache niederschlägt. Bei geschäftlichen E-Mails wahren Sie – zumindest bei Kunden oder Kollegen, die Sie nicht so gut kennen – eine gewisse Form der Etikette, indem Sie eine förmliche Anrede, Sie-Formulierungen und eine nette Grußformel verwenden. Ihre E-Mail-Bewerbung sollten Sie so gestalten wie Ihre geschäftliche Korrespondenz.

Ihre E-Mail als Visitenkarte

Das Erste, was Ihr potenzieller Arbeitgeber von Ihnen liest, ist Ihre E-Mail. Anhand des Aufbaus, Ihrer Wortwahl und des Inhalts erhält er einen ersten Eindruck von Ihnen. Sie kennen wahrscheinlich die englische Redewendung: »You never get a second chance to make a first impression.« Die deutsche Entsprechung »Der erste Eindruck zählt.« klingt nicht ganz so elegant.

Nehmen Sie sich Zeit für Ihre E-Mail und beeindrucken Sie Ihren Wunscharbeitgeber. Sie haben mehrere Möglichkeiten, wie Sie Ihre E-Mail-Bewerbung gestalten können. Es gibt allerdings auch E-Mail-Elemente, die Sie unbedingt berücksichtigen müssen.

Ihre korrekten Absenderangaben

Wie pfiffig ist Ihre E-Mail-Adresse? Sternchen@Himmelszelt.de oder so ähnlich? Sicher finden Ihre Freunde und Bekannten Ihre E-Mail-Adresse lustig, aber seriös klingt diese E-Mail-Adresse nicht unbedingt und jemand, der Sie nicht kennt, weiß nicht einmal, ob Sie seine Antwort bekommen oder womöglich irgendein anderer.

Richten Sie sich für Ihre Bewerbungsphase eine zusätzliche E-Mail-Adresse ein. Eine E-Mail-Adresse, aus der eindeutig Ihr Name hervorgeht, sodass jeder weiß, wer ihm mailt und wem er zurückmailt. Sie haben unterschiedliche Kombinationsmöglichkeiten. Machen Sie es sich so einfach wie möglich, zum Beispiel vorname@nachname.de, vorname.nachname@provider.de, nachname-vorname@provider.de.

Es gibt noch mehr gute Gründe für eine separate E-Mail-Adresse für Ihre Bewerbung:

✔ Sie können sich für jede Firma, bei der Sie sich bewerben, einen gesonderten Unterordner anlegen.

✔ Kommt von Ihrem Wunscharbeitgeber eine Antwort, können Sie diese im zugehörigen Firmen-E-Mail-Ordner ablegen.

✔ Ihre Antworten schicken Sie mit Bcc an sich selbst und speichern Ihre E-Mail in dem zugehörigen Firmen-E-Mail-Ordner ab. (Bcc steht für Blind Carbon Copy – Blindkopie); damit können Sie eine Kopie der Mail schicken, ohne dass andere Empfänger der Mail sehen, dass diese Mail auch noch an jemand anders geschickt wurde.)

Damit haben Sie zu jeder Zeit den Überblick über den Stand Ihrer Bewerbungen!

Ihre E-Mail-Adresse steht fest. Als Nächstes legen Sie Ihre E-Mail-Signatur an. Das ist Ihr persönlicher Absender, der standardmäßig automatisch in jeder E-Mail, die Sie schreiben, erscheint. Anhand von Outlook erkläre ich Ihnen im Folgenden, wie Sie dabei vorgehen:

1. **Öffnen Sie ein neues Mailformular und wählen Sie dann den Menübefehl** EXTRAS| OPTIONEN.

2. **Klicken Sie auf der Registerkarte** ALLGEMEIN **auf die Schaltfläche** E-MAIL-OPTIONEN, **um zur Registerkarte** E-MAIL-SIGNATUR **zu gelangen (siehe Abbildung 5.1).**

3. **Geben Sie in dem schmalen Eingabefeld unter** GEBEN SIE DEN TITEL FÜR IHRE E-MAIL-SIGNATUR EIN **eine entsprechende Bezeichnung ein – nehmen Sie der Einfachheit halber Ihren Vor- oder Nachnamen.**

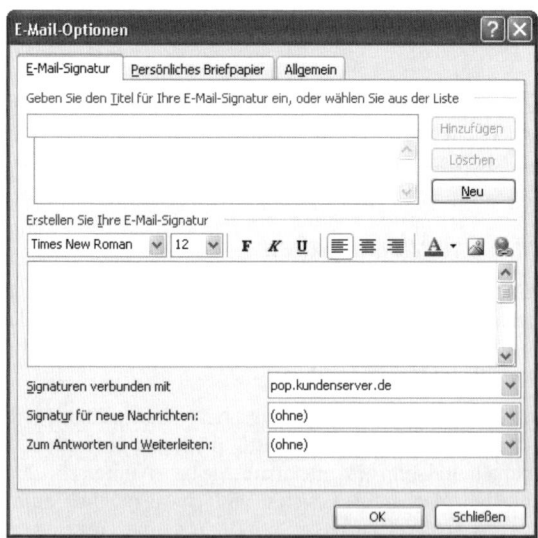

Abbildung 5.1: Hier legen Sie Ihre E-Mail-Signatur an.

4. **Klicken Sie dann in das große Textfeld unter** ERSTELLEN SIE IHRE E-MAIL-SIGNATUR **und schreiben Sie Ihre Absenderangaben übersichtlich in dieses Feld, zum Beispiel so (siehe auch Abbildung 5.2):**

Vorname Nachname

Straße Hausnummer

Postleitzahl Wohnort

Telefon- und oder Handynummer

E-Mail-Adresse

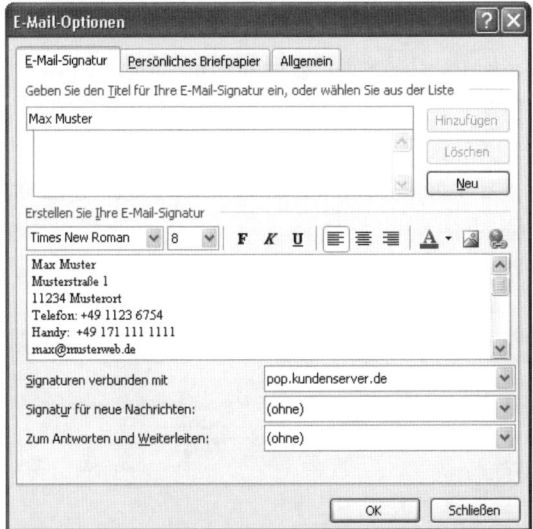

Abbildung.5.2: So sieht Ihre vollständige E-Mail-Signatur aus

Lesen Sie Ihre Angaben noch einmal durch. Stimmt alles? Kein Tippfehler? Gut.

5. **Klicken Sie auf** HINZUFÜGEN **und bestätigen Sie Ihre Eingaben dann zweimal mit OK.**

Nun kann jeder potenzielle Arbeitgeber auf einen Blick die ihn interessierenden Absenderdaten erkennen.

 Sollte die gerade erstellte Signatur nicht gleich im aktuell geöffneten E-Mail-Formular angezeigt werden, schließen Sie das Mailformular und öffnen dann ein neues – voilà, die Signatur wird angezeigt.

Wohin mailen Sie? Empfängerdaten

Studieren Sie das Stellenangebot noch einmal ganz genau. Steht da eine E-Mail-Adresse, an die Sie Ihre Bewerbungsunterlagen schicken können? Ist sogar ein konkreter Ansprechpartner genannt, an dessen E-Mail-Adresse Sie Ihre Bewerbung richten können? Dann übernehmen Sie diese Angaben in das Empfängerfeld Ihrer E-Mail-Bewerbung. Gleichen Sie die von Ihnen eingegebene E-Mail-Adresse besser einmal mehr mit den Angaben im Stellenangebot ab. Sind Sie überzeugt, dass alle Buchstaben in der richtigen Reihenfolge und das @-Zeichen an der richtigen Stelle sitzt?

 Schicken Sie Ihre Bewerbung auf keinen Fall an eine anonyme Firmenadresse wie zum Beispiel info@unternehmen.de. Sie laufen Gefahr, dass Ihre E-Mail entweder gar nicht, verspätet oder nicht beim gewünschten Ansprechpartner landet.

Übrigens steht Ihnen bei manchen Mailprogrammen ein einfaches Mittel zur Verfügung, um zu prüfen, ob beziehungsweise dass Ihre E-Mail-Bewerbung auch tatsächlich bei Ihrem Wunscharbeitgeber angekommen ist; diese Funktion wird hier exemplarisch anhand von Outlook gezeigt:

1. **Klicken Sie in dem Mailformular mit Ihrer Bewerbung in der Symbolleiste auf** OPTIONEN.

   In dem sich daraufhin öffnenden Dialogfeld NACHRICHTENOPTIONEN werden die aktuellen Nachrichteneinstellungen hinsichtlich WICHTIGKEIT und VERTRAULICHKEIT der Mails, die Sie senden, angezeigt (siehe Abbildung 5.3).

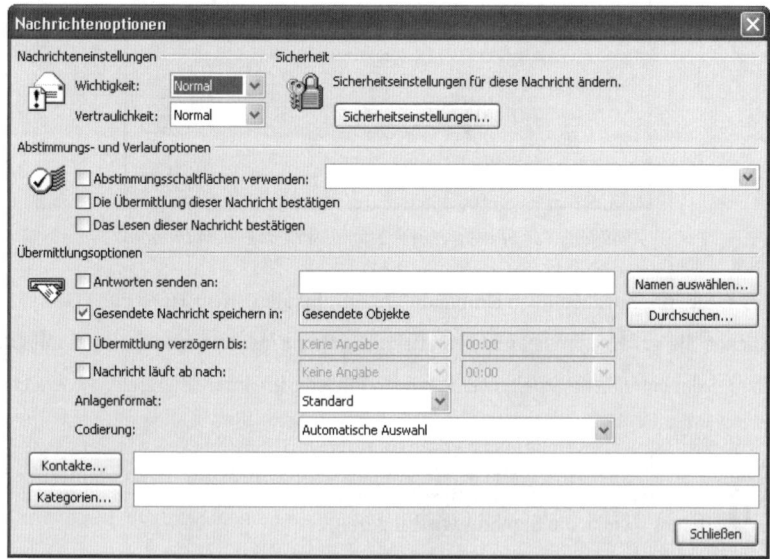

Abbildung 5.3: Mithilfe der Verlaufoptionen erfahren Sie, dass Ihre E-Mail beim Empfänger angekommen ist.

Lassen Sie im Bereich NACHRICHTENEINSTELLUNGEN die Grundeinstellung bestehen und stufen Sie Ihre E-Mail nicht auf WICHTIGKEIT HOCH, denn damit würde ein Ausrufezeichen vor Ihrer E-Mail beim Empfänger erscheinen. Damit setzen Sie Ihren potenzieller Arbeitgeber nur unter Druck.

Wichtiger für Sie ist die sich anschließende Gruppe ABSTIMMUNGS- UND VERLAUFOPTIONEN.

2. **Aktivieren Sie die Option DIE ÜBERMITTLUNG DIESER NACHRICHT BESTÄTIGEN, indem Sie in das leere Kästchen vor der Option klicken (sodass anschließend ein Häkchen darin zu sehen ist).**

Sie bekommen nun eine E-Mail mit der Information, dass Ihre Nachricht übermittelt wurde, sobald Ihre E-Mail bei dem Mailserver des Unternehmens, bei dem Sie sich beworben haben, eingetroffen ist. So wissen Sie, dass Ihre E-Mail-Bewerbung den Empfänger erreicht hat.

Sollten Sie nach Wochen keine Antwort von Ihrem potenziellen Arbeitgeber erhalten, können Sie ruhig nach dem Stand Ihrer Bewerbung fragen.

Worum geht's? Die Betreffzeile

Je konkreter Ihre Angaben in der Betreffzeile sind, desto schneller wird Ihre Bewerbung dem richtigen Stellenangebot zugeordnet. Zu einem aussagekräftigen Betreff gehören:

✔ Die Position, auf die Sie sich bewerben

✔ Kennziffer und oder Referenznummer des Stellenangebotes

✔ Die Quelle der Stellenanzeige (Jobbörse, Internetseite, Firmenstellenangebot)

✔ Das Erscheinungsdatum des Stellenangebots, sofern es ersichtlich ist

Natürlich können Sie den Rahmen der vorgegebenen Betreffzeile nicht sprengen. Wenn hier der Platz nicht für alle Angaben ausreicht, geben Sie die Position an, auf die Sie sich bewerben und die Quelle des Stellenangebots. Damit weiß der Empfänger, aus welchem Grund Sie ihm mailen.

Ihre E-Mail als Ersatz für das Anschreiben?

Sie haben verschiedene Möglichkeiten, Ihr Anschreiben in Ihre E-Mail-Bewerbung zu integrieren:

✔ Als separater Anhang, am besten im PDF-Format, denn hier bleiben alle Schriften und Formatierungen Ihres Dokuments erhalten. Falls Sie nicht wissen, wie Sie eine PDF-Datei erstellen, schauen Sie in Kapitel 4, »So verschicken Sie Ihre Unterlagen online«, nach.

✔ Integriert in eine PDF-Datei, die auch Ihre weiteren Dokumente wie zum Beispiel Lebenslauf und Zeugnisse enthält.

✔ Sie verwenden Ihre E-Mail als Anschreiben.

Wenn Sie sich dafür entscheiden, Ihr Anschreiben im E-Mail-Anhang zu senden, könnte Ihre E-Mail wie in Abbildung 5.4 gezeigt aussehen.

✔ Anstelle der Unterschrift hat der Bewerber seinen Vor- und Nachnamen kursiv geschrieben. Dass er seine Unterschrift nicht eingescannt hat, stört in diesem Fall nicht.

✔ Seine kompletten Absenderangaben hat er mit der durchgezogenen Linie unterhalb seiner Unterschrift dezent abgetrennt.

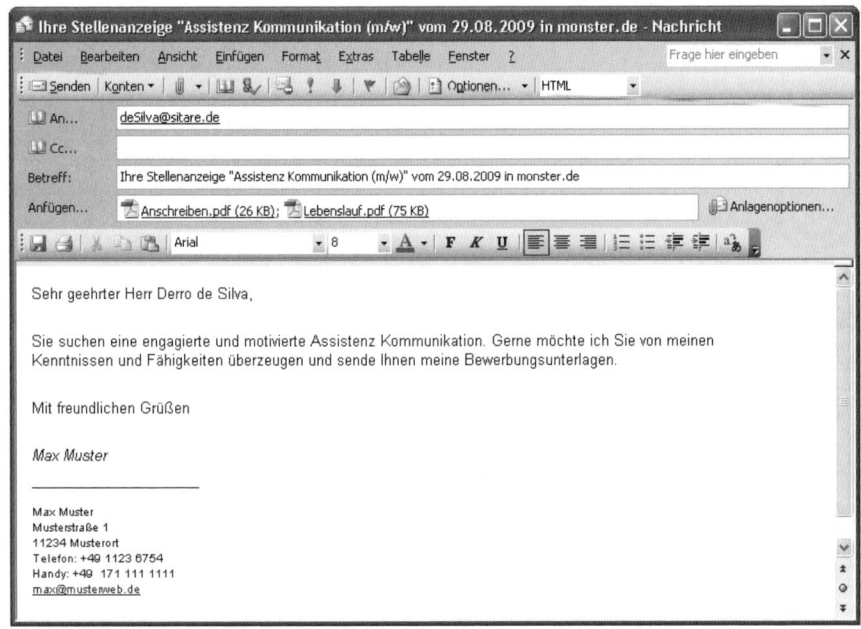

Abbildung 5.4: Eine kurze, aber freundliche E-Mail

Sie können sicher sein, dass Ihr potenzieller Arbeitgeber Ihre Bewerbungsunterlagen sorgfältig prüfen wird.

Sie wollen Ihr Anschreiben lieber direkt als E-Mail versenden? Kein Problem. Sie können den Text Ihres Anschreibens aus Ihrem Word-Dokument kopieren und in das geöffnete E-Mail-Formular einfügen.

Kopieren Sie erst ab der Anrede _Sehr geehrte/geehrter Frau/Herr_. Ihre Absenderangaben stehen schließlich in Ihrer Signatur und der Empfänger ist mit seiner E-Mail-Adresse im Feld AN erfasst.

Nachdem Sie den Text Ihres Anschreibens in Ihre E-Mail kopiert haben, müssen Sie unbedingt prüfen, ob alles noch so wie beabsichtigt formatiert und gestaltet ist.

Sie können natürlich auch Ihr Word-Anschreiben lediglich als Vorlage verwenden und den Text noch einmal neu in das E-Mail-Formular eingeben. Prüfen Sie aber dann auch alles sorgfältig, sowohl Formatierung und Gestaltung als auch vor allem hinsichtlich Tippfehlern.

Ihr E-Mail-Anschreiben könnte wie in Abbildung 5.5 gezeigt aussehen.

Stellen Sie nun Ihre weiteren Bewerbungsunterlagen zusammen.

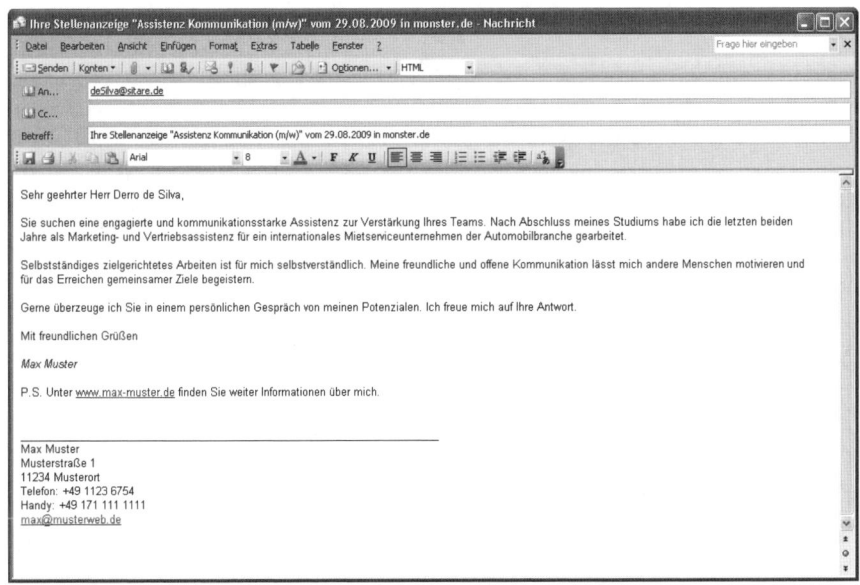

Abbildung 5.5: Ein gelungenes Anschreiben als E-Mail!

Nicht zu vergessen: Der E-Mail-Anhang

Was gehört alles in den E-Mail-Anhang? Das hängt davon ab, was im Stellenangebot gefordert wurde. Lesen Sie es noch einmal genau durch. Folgende Dokumente gehören auf alle Fälle in den Anhang:

✔ Lebenslauf

✔ Ihr letztes Arbeitszeugnis und/oder

✔ Ihr letztes Schulzeugnis

Denken Sie daran, dass Ihr Anhang nie mehr als zwei bis maximal drei Megabyte groß sein sollte. Ansonsten ist die Verärgerung Ihres potenziellen Arbeitgebers vorprogrammiert, bevor er überhaupt einen Blick auf Ihre Bewerbung geworfen hat.

Bieten Sie ihm an, weitere Unterlagen auf Anfrage gern nachzureichen. Damit machen Sie Ihrem Wunscharbeitgeber klar, dass Sie sich auf die wichtigen Bewerbungsunterlagen konzentriert haben und ihn nicht mit übergroßen Dateianhängen verprellen wollen.

Was den Versand angeht, haben Sie nun wieder die Wahl: Sie können Ihre Anlagen als einzelne Dokumente einscannen und als PDF-Dateien mit der konkreten Bezeichnung des jeweiligen Dokuments versenden, wie zum Beispiel in Abbildung 5.6 gezeigt.

Lebenslauf.pdf   Sozialstation-Zeugnis   AbiZeugnis.pdf
.pdf

Abbildung 5.6: Vergessen Sie nicht die genaue Bezeichnung der einzelnen Dokumente.

Ebenso gut können Sie Ihre Anlagen in einer einzigen PDF-Datei zusammenfassen. Achten Sie hier auf die richtige Reihenfolge Ihrer Unterlagen, schließlich ist diese PDF-Datei nichts anderes als Ihre herkömmliche Bewerbungsmappe. In der Reihenfolge, in der Sie Ihre Dokumente einscannen, kann sie Ihr potenzieller Arbeitgeber im Anschluss lesen:

✔ Ihr Anschreiben

✔ Ihr Bewerbungsfoto, falls Sie es mitschicken möchten

✔ Ihren Lebenslauf

✔ Ihr aktuellstes Arbeitszeugnis

✔ Weitere Zeugnisse, nach Datum sortiert, mit dem aktuellsten beginnend

In Ihrer E-Mail-Bewerbung sieht Ihr potenzieller Arbeitgeber dann lediglich einen Anhang (siehe Abbildung 5.7).

Übrigens eignet sich eine Bewerbung per E-Mail auch sehr gut für Initiativbewerbungen.

Initiativbewerbung via E-Mail

Sie haben die Möglichkeit, Ihren Wunscharbeitgeber mit Ihrer Initiativbewerbung per E-Mail von Ihren Qualitäten zu überzeugen. Welche Ihrer Eigenschaften beweisen Sie bereits allein durch Ihre Initiativbewerbung?

✔ **Eigeninitiative:** Sie bewerben sich unaufgefordert, also ohne konkret vorliegendes Stellenangebot und zeigen damit, dass Sie etwas bewegen wollen.

✔ **Leistungswillen:** Sie wollen Ihr fachliches und persönliches Know-how Ihrem potenziellen Arbeitgeber zur Verfügung stellen.

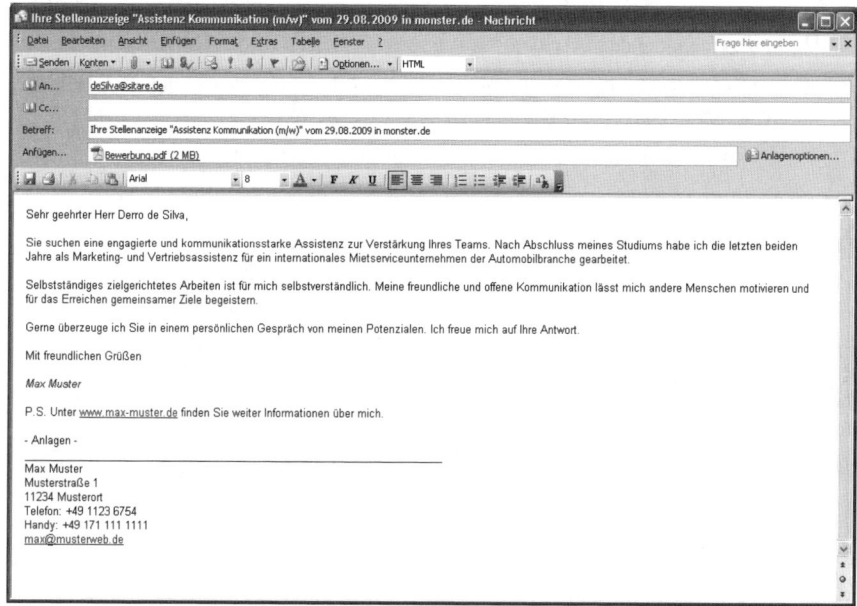

Abbildung 5.7: Schicken Sie Ihre Anlagen in einer PDF-Datei per E-Mail.

✔ **Selbstständigkeit:** Sie haben Ihre Bewerbung aus eigenem Antrieb verfasst und nicht erst auf ein Stellenangebot gewartet.

✔ **Kreativität:** Sie haben sich intensiv mit Ihrer Bewerbung auseinandergesetzt und bringen dies in der Gestaltung Ihrer E-Mail-Bewerbung entsprechend zum Ausdruck.

Damit haben Sie eine gute Grundlage geschaffen, Ihren Wunscharbeitgeber auf sich aufmerksam zu machen. Nun müssen Sie bei ihm nach dem Muster der AIDA-Formel, durch Attention – Interest – Desire – Action (Aufmerksamkeit – Interesse – Verlangen – Handlung), mit wenigen informativen und ganz prägnanten Sätzen sein Interesse so sehr wecken, dass er Sie persönlich kennenlernen möchte. Nutzen Sie dazu Ihre E-Mail. Verfassen Sie ein E-Mail-Anschreiben, in dem Sie Ihrem potenziellen Arbeitgeber deutlich machen,

✔ was Sie Außergewöhnliches zu bieten haben und

✔ warum Sie sich gerade für sein Unternehmen interessieren.

Die Qualität Ihres Anschreibens steht im Vordergrund. Nehmen Sie sich Zeit und bereiten Sie Ihre schriftlichen Argumente sorgfältig vor. Es kann durchaus passieren, dass Sie mit Ihrer Initiativbewerbung bei Ihrem potenziellen Arbeitgeber eine Punktlandung erzielen:

✔ Möglich ist, dass Ihr Traumarbeitgeber gerade Personalbedarf hat, weil ein oder mehrere Mitarbeiter aufgrund von Krankheit oder Kündigung ausfallen.

✔ Möglich ist, dass ein Projekt ansteht und damit verbunden ein Mehrbedarf an qualifizierten Mitarbeitern entstanden ist.

✔ Möglich ist, dass Sie gerade mit Ihrer Bewerbung bei Ihrem potenziellen Arbeitgeber überhaupt erst einen Bedarf wecken.

Es wäre doch schade, wenn Sie diese Chancen nicht nutzen würden!

Hier finden Sie die richtigen Informationen

Bevor Sie mit Ihrer Initiativbewerbung starten, legen Sie fest, in welcher oder welchen Branchen Sie aktiv werden möchten. Als Banker können Sie sich bei Kreditinstituten oder bei Beratungsgesellschaften bewerben. Überlegen Sie, in welchen Branchen Ihr Beruf gefragt ist. Dann erst suchen Sie gezielt nach Ihren Wunscharbeitgebern. Wie Sie herausfinden, welche fachlichen und persönlichen Voraussetzungen sich Ihr Wunscharbeitgeber von seinen Mitarbeitern wünscht, erfahren Sie in Kapitel 2, »Auf Stellensuche im Internet«.

Wenn Sie wissen, wo Sie sich bewerben wollen, und eine Vorstellung haben, was Ihr potenzieller Arbeitgeber von Ihnen erwartet, entwerfen Sie Ihr E-Mail-Anschreiben.

 Denken Sie daran, Ihre E-Mail an einen konkreten Ansprechpartner zu richten. Wenn Sie im Internet nicht fündig werden konnten, rufen Sie bei dem Unternehmen an. Fragen Sie freundlich, an wen Sie Ihre Bewerbung richten dürfen. Damit sind Sie auf der sicheren Seite, dass Ihre Bewerbung richtig ankommt.

Sie müssen sich Ihre Initiativbewerbung nicht aus den Fingern saugen. Gehen Sie strukturiert vor. Studieren Sie die Internetseiten Ihres Wunscharbeitgebers. Darin sind viele Informationen versteckt, die Sie für Ihre Initiativbewerbung per E-Mail nutzen können. Werfen Sie einmal einen Blick auf die in Abbildung 5.8 gezeigte Webseite.

Welche Kernaussagen entnehmen Sie dieser einzelnen Seite:

✔ Vertrauen spielt eine bedeutende Rolle in diesem Unternehmen.

✔ Der Mensch steht im Vordergrund.

✔ Kommunikation ist das A und O.

✔ Vertrauensvolle Kommunikation führt zum Erfolg.

✔ Grenzenlose Unterstützung für erfolgreiche Kommunikation wird angeboten.

Diese Kernaussagen sind die Grundlage für Ihr wirkungsvolles E-Mail-Anschreiben. Hat Ihr Traumarbeitgeber noch eine Internetseite mit aktuellen Stellenangeboten? Auch wenn nichts Passendes für Sie dabei ist, studieren Sie alle Stellenangebote und notieren Sie folgende Informationen:

✔ Welche fachlichen Qualifikationen sind gefordert?

✔ Gibt es (viele) Ähnlichkeiten bezüglich der fachlichen Qualifikationen bei den einzelnen Jobangeboten?

Abbildung 5.8: Auf dieser Seite finden Sie wichtige Informationen.

✔ Welche persönlichen Qualifikationen sind gefordert?

✔ Welche persönlichen Qualifikationen tauchen immer wieder auf, obgleich es verschiedene Jobangebote sind?

So gewinnen Sie eine Vorstellung davon, welche Anforderungen das Unternehmen an die Bewerber stellt. Jetzt können Sie Ihr E-Mail-Anschreiben formulieren.

Vergessen Sie nicht, die Betreffzeile auszufüllen. Sie können einen pfiffigen Einstieg wählen und die Aussage eines Unternehmens aufgreifen. Bei unserem Beispiel könnte Ihre Betreffzeile wie folgt lauten:

✔ Ich denke wie Sie

Klassische Aussagen können Sie natürlich ebenso verwenden:

✔ Ich darf mich vorstellen

✔ Meine Bewerbung in Ihrem Unternehmen

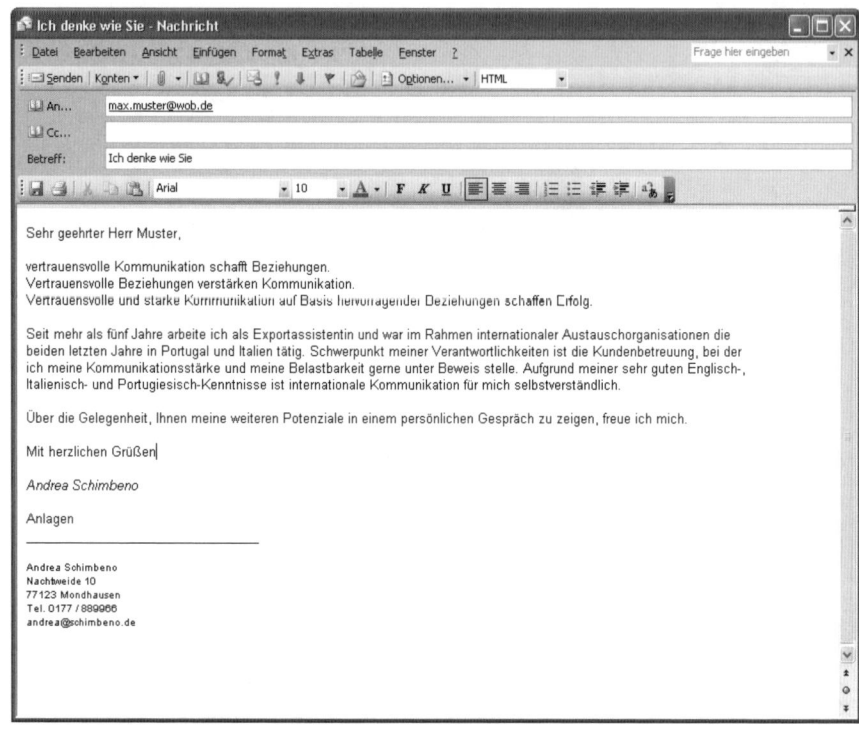

Abbildung 5.9: Ein pfiffiges E-Mail-Anschreiben

Wie gefällt Ihnen Ihr E-Mail-Anschreiben?

✔ Sie haben einen pfiffigen Einstieg gewählt, indem Sie Ihrem Wunscharbeitgeber kreativ verdeutlichen, was Sie unter vertrauensvoller Kommunikation verstehen.

✔ Sie haben sich kurz vorgestellt, dabei Ihren Beruf mit internationaler Ausrichtung deutlich gemacht und verstärkt, welche hohe Bedeutung Kommunikation für Sie hat.

Damit sollten Sie die Neugierde Ihres Wunscharbeitgebers auf jeden Fall geweckt haben.

Sie können Ihre Initiativbewerbung per E-Mail auch wie in Abbildung 5.10 gezeigt formulieren.

Sie können Ihr E-Mail-Anschreiben formal so aufbauen, wie Sie es gerade gelernt haben, Sie dürfen aber auch gerne eigene Ideen entwickeln.

Die Bewerberin aus Abbildung 5.11 stellt ihre Stärken in den Vordergrund, um ihren Wunscharbeitgeber auf sich aufmerksam zu machen.

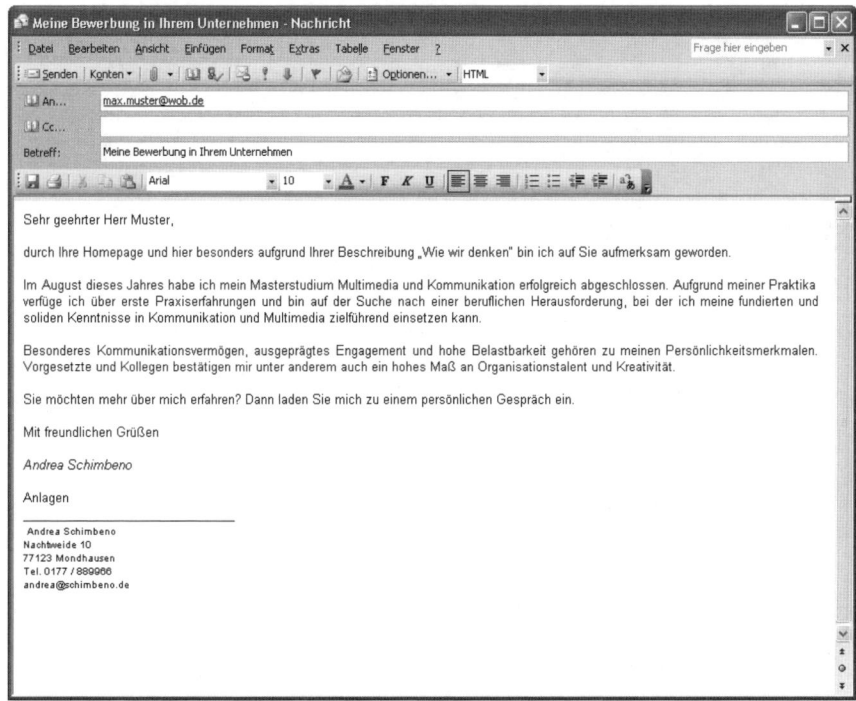

Abbildung 5.10: So wecken Sie die Neugier Ihres Wunscharbeitgebers.

Welche Anlagen fügen Sie Ihrer Initiativbewerbung bei?

✔ Ihren Lebenslauf

✔ Ihr letztes Arbeitszeugnis (falls vorhanden)

✔ Ihr letztes Schulzeugnis (falls kein aktuelles Arbeitszeugnis vorliegt oder Sie Berufsanfänger sind)

✔ Ihr Bewerbungsfoto (sofern Sie es mitsenden möchten)

Mehr nicht. Schließlich wollen Sie, dass Ihr potenzieller Arbeitgeber sich bei Ihnen meldet. Anschreiben und Lebenslauf genügen vollkommen, um sein Interesse zu wecken. Und schließlich hat er allen Grund, Sie zu kontaktieren, wenn er weitere Unterlagen von Ihnen möchte.

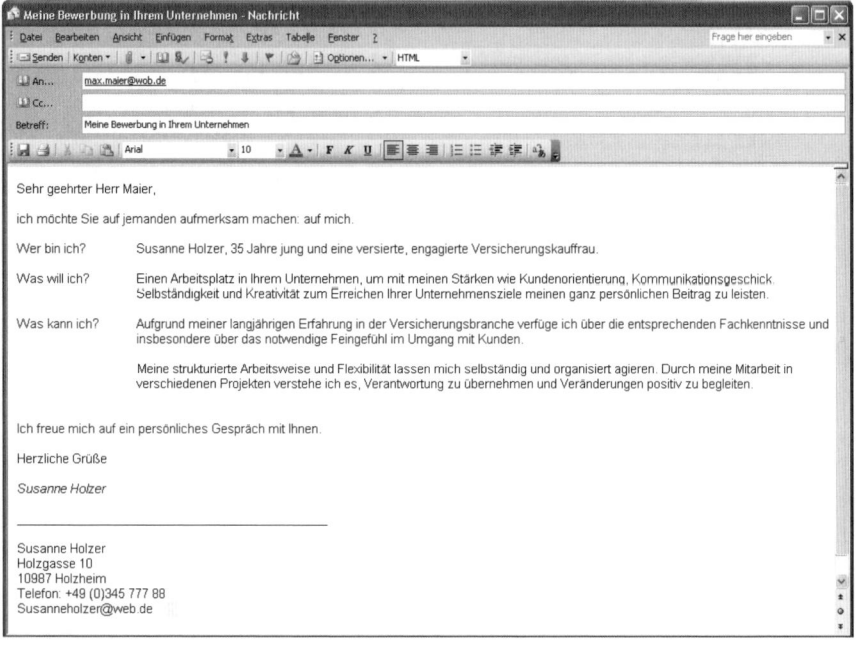

Abbildung 5.11: Eine interessante Initiativbewerbung per E-Mail

Die standardisierte Online-Bewerbung

In diesem Kapitel

▶ So sparen Unternehmen nicht nur Zeit

▶ Füllen Sie Ihre Bewerbung korrekt aus

▶ Individualität ist gefragt

Wenn Sie auf Jobsuche sind, kommen Sie an standardisierten Online-Bewerbungen nicht mehr vorbei. Diese Form der Bewerbung ist nicht nur bei Firmen an der Tagesordnung, sondern mittlerweile auch bei Personalberatungen und Jobbörsen. Also nehmen Sie sich Zeit und studieren Sie dieses Kapitel in aller Ruhe.

Warum Unternehmen standardisierte Bewerbungsformulare nutzen

Es gibt mehrere Gründe, weshalb Firmen standardisierte Bewerbungsformulare verwenden:

✔ Diese Bewerbungsformulare werden speziell entwickelt und auf die jeweilige Firma so zugeschnitten, dass ihre personalstrategischen Bedürfnisse berücksichtigt sind.

✔ Das Auswahlverfahren läuft also automatisch oder besser gesagt computergestützt ab. Diese Zeitersparnis ist eine Arbeitserleichterung und beschleunigt das Auswahlverfahren für die Unternehmen.

✔ Postberge fallen weg. Unternehmen sparen sich also Zeit und Geld für die Rücksendung umfangreicher Bewerbungen in Papierform.

✔ Sobald eine Bewerbung angekommen ist, erhält der Bewerber eine automatische Nachricht, dass seine Daten gespeichert sind.

✔ Zwischenbescheide und Absagen können online zugeschickt werden.

✔ Die E-Mail-Flut mit voluminösen und womöglich noch virenverseuchten Anhängen bleibt aus.

✔ Die Auswahl der Bewerber geht schneller und einfacher.

✔ Bewerber sind leichter vergleichbar.

✔ Interessante Bewerbungen können mit einem Mausklick innerhalb eines Unternehmens weitergegeben werden.

Das sind viele Gründe, die für standardisierte Bewerbungsformulare sprechen. Allerdings hat das Verfahren auch Grenzen. Firmen legen ihre Auswahlkriterien für Bewerber meist nach strengen Vorgaben fest. So kann es zum Beispiel sein, dass Sie für Ihren potenziellen Arbeitgeber nur interessant sind, wenn Sie einen Studienabschluss haben und unter achtundzwanzig Jahre alt sind. Erfüllen Sie nun eines der beiden Kriterien nicht, werden Sie aus dem Auswahlverfahren geworfen und bekommen postwendend per E-Mail eine Absage. Das ist schon brutal für Sie als Bewerber.

Sind Sie dennoch brennend an dem Job interessiert, greifen Sie zum Telefon und nehmen Sie Kontakt mit Ihrem Wunscharbeitgeber auf. Bei Interesse gibt er Ihnen sicher die Chance, Ihre Unterlagen per E-Mail einzureichen.

Sie merken: Der persönliche Aspekt kommt bei dieser Form der Online-Bewerbung definitiv zu kurz. Es gibt aber auch für Sie als Bewerber einige Vorteile:

✔ Sie sparen die Kosten für teure Bewerbungsmappen und die Portokosten.

✔ In der Regel erhalten Sie postwendend eine Eingangsbestätigung, wenn Ihre Daten korrekt gespeichert wurden.

✔ Wenn Sie nach gut einer Woche keine weitere Reaktion wie zum Beispiel einen Zwischenbescheid seitens des Unternehmens erhalten haben, dürfen Sie gern per E-Mail oder telefonisch nach dem Stand Ihrer Bewerbung fragen.

✔ Auf manchen Firmenseiten können Sie sich einen Benutzer-Account einrichten, in dem Sie den Status Ihrer Bewerbung jederzeit einsehen können. Sollten Sie für die angebotene Stelle eine Absage erhalten, haben Sie oftmals die Chance, im Bewerperpool der Firma zu verbleiben, und sind vielleicht bei einem anderen Stellenangebot erfolgreich.

Sie sehen, Ihre Online-Bewerbung lohnt sich auf alle Fälle.

So funktioniert Online-Bewerben

Bevor Sie sich nun mit dem standardisierten Bewerbungsformular beschäftigen, lesen Sie zuerst das *Kleingedruckte*, nämlich die *Nutzungsbedingungen des Unternehmens*. Sie hinterlegen im Bewerbungsformular Ihre persönlichen Daten. Deshalb sollten Sie Sie sich vorher informieren, was mit Ihren Daten passiert. Manche Firmen nutzen Ihre Daten zum Aufbau eines Bewerberpools und speichern Ihre Angaben über einen längeren Zeitraum. Andere Firmen geben Ihre Daten an Dritte wie zum Beispiel Personalberatungen weiter. Wenn Sie mit den Nutzungsbedingungen einverstanden sind, geht's weiter.

Bevor Sie Zugriff auf das standardisierte Bewerbungsformular bekommen, müssen Sie sich bei Ihrem Wunscharbeitgeber registrieren. Sie werden über eine Eingabemaske aufgefordert, sich zu identifizieren (siehe Abbildung 6.1).

Melden Sie sich über die Funktion Neuer Benutzer an:

✔ Geben Sie sich einen Benutzernamen, den Sie sich leicht merken können. Am einfachsten ist es, Ihren eigenen Namen oder eine Kombination aus Ihren Vor- und Nachnamen zu wählen.

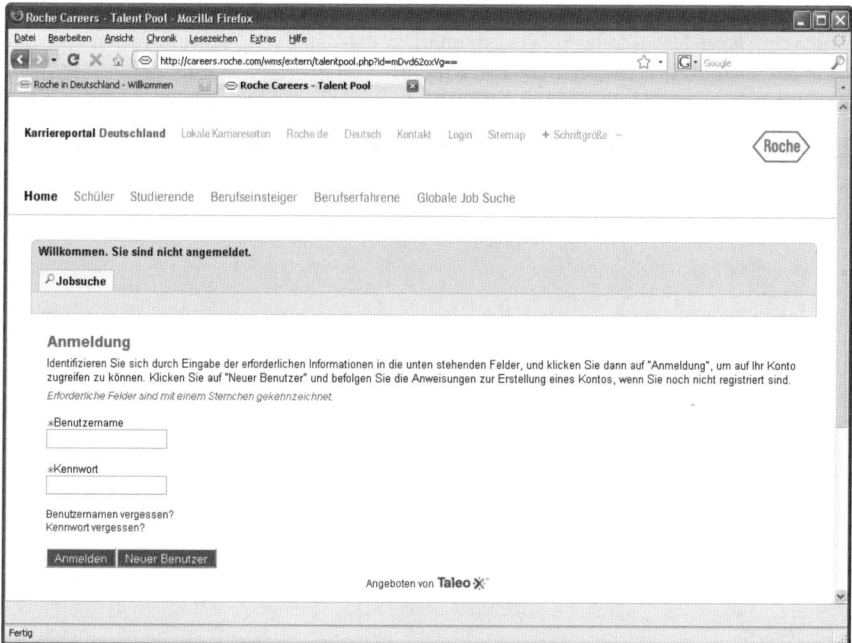

Abbildung 6.1: So registrieren Sie sich richtig.

Treffen Sie jetzt eine Entscheidung, wie Ihr Benutzername lauten soll, und nutzen Sie diesen einen Benutzernamen bei allen Ihren Online-Bewerbungen – nach dem Motto: Einer für alle, alle für einen. So vermeiden Sie die Suche nach immer wieder neuen Benutzernamen beziehungsweise die Suche nach dem betreffenden Benutzernamen beim erneuten Einloggen bei Ihrem »Bewerbungskonto«.

✔ Wählen Sie dann ein Kennwort, das Sie bei all Ihren Online-Bewerbungen benutzen.

✔ Geben Sie Ihre seriöse E-Mail-Adresse ein.

✔ Klicken Sie auf Registrieren und schon geht's weiter.

Übrigens hat das Registrieren einen großen Vorteil: Sollten Sie beim Ausfüllen des Online-Bewerbungsformulars einmal nicht mehr weiterwissen, können Sie in vielen Fällen Ihre Eingaben als Entwurf speichern, sich ausloggen und sich zu einem späteren Zeitpunkt wieder einloggen, wenn Sie wissen, wie Sie weiter vorgehen wollen. Außerdem können Sie den Stand Ihrer Bewerbung jederzeit einsehen.

In manchen Fällen können Sie das Online-Formular auch einfach auf Ihrem PC speichern, um es sich zunächst einmal in aller Ruhe *offline* anzusehen, bevor Sie es dann *online* ausfüllen. Wählen Sie hierzu – Formularseite für Formularseite – in Ihrem Webbrowser im Menü Datei den Befehl SPEICHERN UNTER oder SEITE SPEICHERN UNTER (oder eine vergleichbare Option zum Speichern), legen Sie als Dateityp WEBSEITE KOMPLETT (oder eine vergleichbare Option) fest, um sicherzustellen, dass tatsächlich alle Elemente der Formularseite heruntergeladen werden, wählen Sie den Speicherort auf Ihrer Festplatte aus und klicken Sie dann auf SPEICHERN.

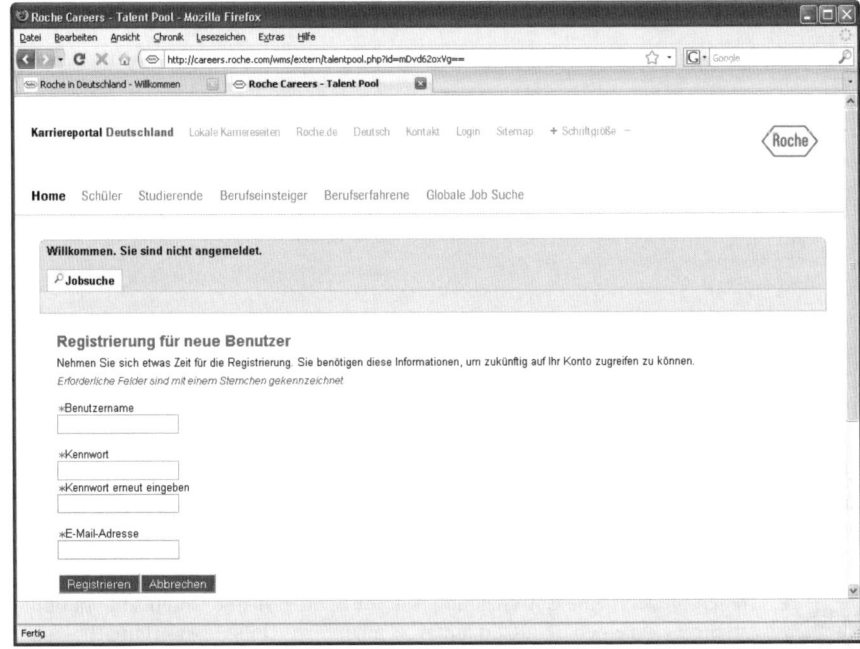

Abbildung 6.2: Vergessen Sie Ihr Kennwort nicht!

Aufbau eines Bewerbungsformulars

Standardisierte Bewerbungsformulare sind nach dem gleichen Schema aufgebaut; von Ihnen werden in der Regel folgende Angaben verlangt:

✔ Persönliche Daten

✔ Angaben zu Ihrer Ausbildung und beruflichen Erfahrung

✔ Angaben zum Grund Ihrer Bewerbung

✔ Anlagen wie zum Beispiel Zeugnisse

Sie müssen nicht überlegen, sondern können die Angaben aus Ihrem gedruckten Lebenslauf übernehmen.

Kopieren Sie die Daten aus Ihrem in einem Textverarbeitungsprogramm wie Word verfassten Lebenslauf nicht einfach in das Online-Bewerbungsformular! Abgesehen davon, dass in der Regel beim Einfügen der Texte in die Eingabefelder alle Formatierungen wie fett und kursiv verloren gehen, kann es beispielsweise passieren, dass Texte nicht mehr so angeordnet werden, wie Sie es im Textverarbeitungsdokument vorgenommen hatten. Um dies Problem zu verhindern, tippen Sie Ihre Texte einfach ab.

Denken Sie daran, was alles wichtig ist!

Wenn die Eingabefelder bei Ihrer beruflichen Laufbahn genügend Platz lassen, schreiben Sie hier bereits Ihre Schwerpunkte hin. So kann der potenzielle Arbeitgeber auf einen Blick Ihre fachlichen Kompetenzen sehen!

Sie haben ein Texteingabefeld in Ihrem standardisierten Online-Bewerbungsformular vor sich. Was verbirgt sich hinter der Frage *Grund Ihrer Bewerbung*? Ihr potenzieller Arbeitgeber will wissen, was Sie ihm zu bieten haben. Denken Sie an Ihr Anschreiben. Nichts anderes wird von Ihnen jetzt erwartet. Sie sollen in wenigen Worten überzeugend deutlich machen, dass Sie mit Ihren fachlichen und persönlichen Qualifikationen genau der Richtige für diesen Job sind.

Lesen Sie das Stellenangebot nochmals durch:

✔ Welche fachlichen und persönlichen Qualifikationen sind für diesen Job erforderlich?

✔ Werden im Stellenangebot erforderliche Schlüsselqualifikationen genannt?

✔ Gibt es besondere Anforderungen, die Sie in diesem neuen Job erfüllen müssen?

Verfassen Sie ein Anschreiben an Ihren potenziellen Arbeitgeber. Drucken Sie es aus und lesen Sie es mehrfach durch. Dann übernehmen Sie die wenigen Sätze, die konkret Ihre Stärken in den Vordergrund stellen, in das Eingabefeld in Ihrem Online-Bewerbungsformular. Dort müssen Sie sich aus Platzgründen kurzfassen. Mit einem tollen Anschreibenentwurf wird Ihnen diese Zusammenfassung leichtfallen.

Verschwenden Sie dieses Texteingabefeld auf keinen Fall für Aussagen wie:

✔ Ich bewerbe mich bei Ihnen, weil ich zurzeit arbeitslos bin.

✔ Ihr Stellenangebot klingt interessant, deshalb bewerbe ich mich.

✔ Der Job scheint viel Geld zu bringen.

Mit solchen Sätzen katapultieren Sie sich aus dem Bewerberrennen. Werden Zeugnisse, Zertifikate oder sogar Ihr Lebenslauf in Dateiform als Anhang verlangt, sind Sie inzwischen Profi:

✔ Sie hängen Ihre eingescannten Unterlagen als PDF-Dateien an.

✔ Sie prüfen die Größe Ihrer Dateien, damit Sie die Nerven Ihres potenziellen Arbeitgebers auf keinen Fall strapazieren.

Hat ein Unternehmen in sein Online-Bewerbungsverfahren einen Fragebogen für Bewerber integriert, enthält dieser Fragen nach:

✔ Sprachkenntnissen

✔ Computerkenntnissen

✔ Berufserfahrung in Jahren

✔ Schwerpunkttätigkeiten

✔ Berufliche Interessen, Interessenschwerpunkte

✔ Reisebereitschaft

✔ Behinderungen

Sie erhalten zahlreiche Antwortvorgaben und müssen sich dann für eine oder mehrere Antworten pro Frage entscheiden. Wie gut, dass Sie noch immer Ihren Lebenslauf neben sich liegen haben. Der hilft Ihnen auch hier, die richtigen Antworten zu geben.

Schritt für Schritt: Füllen Sie Ihr Bewerbungsformular korrekt aus

Sie haben das Formular auf Ihrem PC gespeichert oder sich registriert und können so in aller Ruhe Ihre Daten eingeben. Machen Sie langsam und bleiben Sie konzentriert bei der Sache.

 Im standardisierten Online-Bewerbungsformular sind alle erforderlichen Eingaben besonders gekennzeichnet, in aller Regel mit einem Sternchen (*). Sollten Sie hier eine Angabe vergessen, lässt Sie das Programm nicht weiterarbeiten, weil diese Eingaben zwingend notwendig sind. Sie können also auf keinen Fall einen Fehler machen.

Fangen Sie mit Ihren persönlichen Daten an (siehe Abbildung 6.3):

✔ Vorname, Nachname, Geburtsname, Geburtsdatum

✔ Anschrift mit Straße, Hausnummer, Postleitzahl und Ort

✔ Telefonnummern, unter denen Sie erreichbar sind

✔ Länderangabe

✔ E-Mail-Adresse

Dann werden Sie nach Ihrer Ausbildung und beruflichen Erfahrung gefragt (siehe Abbildung 6.4); hier gehört Ihr Lebenslauf hin.

Manche Unternehmen gehen hier sehr ins Detail: Sie wollen Noten wissen, die konkreten Jahresangaben, wie lange Sie bei welchem Unternehmen gearbeitet haben, und für die Angaben zu Ihren beruflichen Tätigkeiten wird Ihnen viel Platz zur Verfügung gestellt.

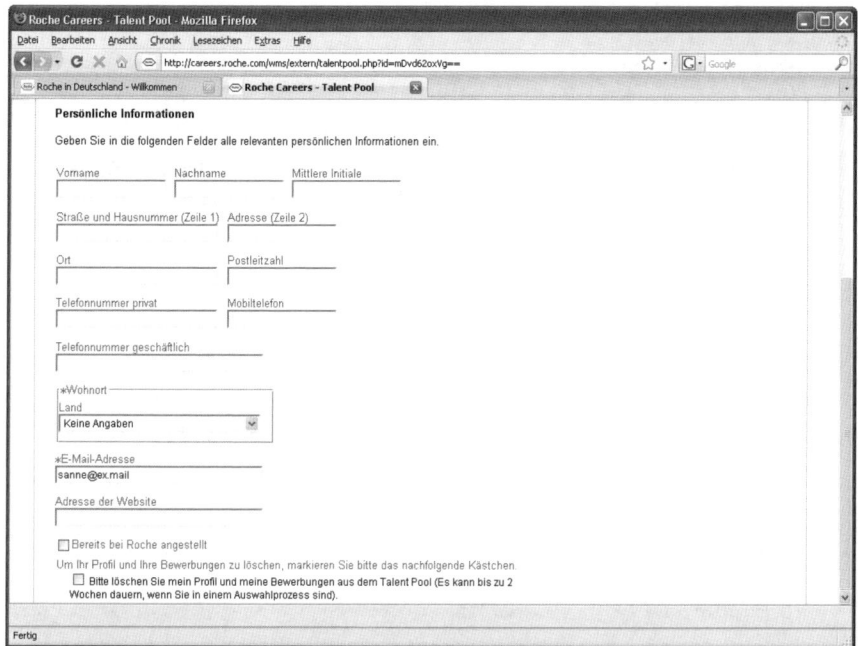

Abbildung 6.3: Ihre persönlichen Daten sind wichtig.

Wenn all diese Angaben gefordert sind, füllen Sie diese Felder aus. Es kann durchaus sein, dass bereits hier eine automatische Bewerbervorauswahl gestartet wird und nur die Bewerber, die alle Felder ausgefüllt haben, als Kandidaten infrage kommen. Nun wissen Sie, warum Sie Ihren Lebenslauf so detailliert erfassen sollten (siehe Kapitel 10, »Das ist Ihr Lebenslauf«). Diese Arbeit hat sich schon jetzt für Sie gelohnt, weil Sie übersichtlich alle Ihre schulischen und beruflichen Daten vor Augen haben und einfach ins Online-Bewerbungsformular übernehmen können.

Im Anschluss kommt ein großes freies Texteingabefeld für Ihre Begründung, warum Sie der Beste für diesen Job sind. Übertreiben Sie es nicht. Übernehmen Sie prägnante und auf das Stellenangebot zutreffende Aussagen zu Ihren fachlichen und persönlichen Qualifikationen aus Ihrem Anschreiben.

Achten Sie auf die richtige Formatierung und vor allem auf die korrekte Rechtschreibung.

Wenn Sie Ihren Text verfasst haben, lesen Sie ihn nochmals durch. Passt alles, was Sie geschrieben haben? Stimmen Ihre Qualifikationen mit den Anforderungen aus dem Stellenangebot überein? Gut, dann kommt der nächste Schritt.

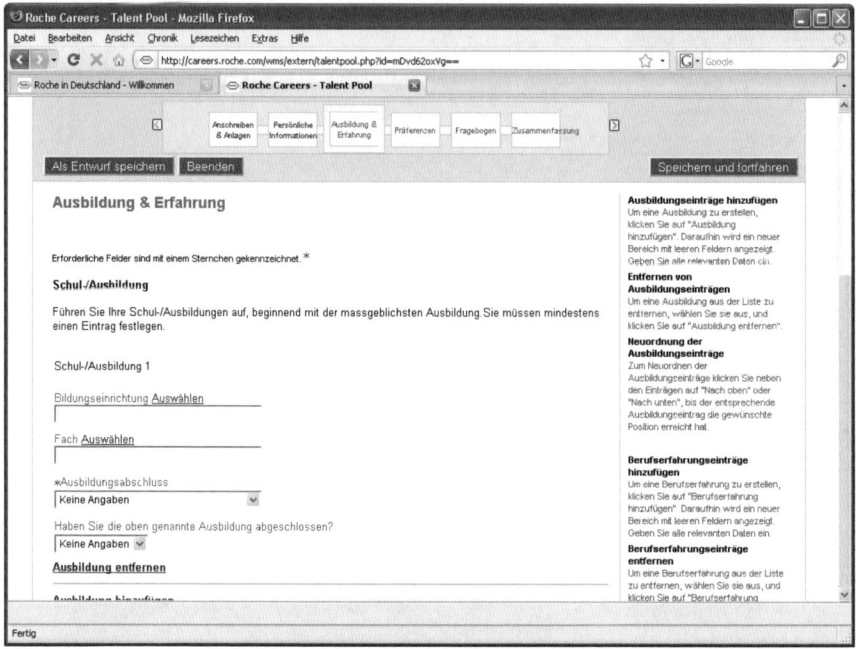

Abbildung 6.4: Ihr Lebenslauf ist gefragt.

Sie werden gebeten, Dokumente wie zum Beispiel Ihren Lebenslauf, Zeugnisse und Arbeits-nachweise in Ihre Online-Bewerbung zu integrieren. Nutzen Sie diese Möglichkeit auf jeden Fall! Kapitel 4, »So verschicken Sie Ihre Unterlagen online«, zeigt Ihnen, wie Sie eine PDF-Datei mit Ihren Unterlagen erstellen können. Eine solche Datei ist nicht besonders groß und zeigt alle Unterlagen übersichtlich »am Stück«. Laden Sie diese Anlage den Anweisungen entsprechend hoch.

 Achten Sie darauf, dass Ihr Anhang nur aus den geforderten Unterlagen besteht. Schicken Sie auf keinen Fall ein separates Anschreiben mit, wenn das nicht aus-drücklich gewünscht ist. Sie wirken sonst aufdringlich.

Sollten Sie Ihre Online- Bewerbung abschicken und dann merken, dass Sie vergessen haben, die gewünschten Unterlagen beizufügen, verfallen Sie nicht in Panik. Wenn Ihr potenzieller Arbeitgeber an Ihnen interessiert ist, meldet er sich bei Ihnen und fordert die Unterlagen nach. Sie können aber auch ganz einfach dafür sorgen, dass Ihnen so etwas nicht passiert.

Übrigens arbeiten nicht nur Unternehmen mit standardisierten Bewerbungsformularen, auch viele Personalvermittlungen nutzen solche Bewerbungsformulare, um Ihnen die Möglichkeit zu geben, sich mit Ihrem Jobwunsch zu registrieren und so Ihren Wunscharbeitgeber zu fin-den, aber auch um ihren eigenen Bewerberpool aufzubauen.

Bei Personalvermittlungen können Sie sich also auf konkrete Stellenangebote oder initiativ bewerben. Beides funktioniert über das gleiche Bewerbungsformular. Einziger Unterschied ist die Angabe des Stellenangebots im Kopf der Eingabemaske, wenn Sie sich auf ein Jobangebot bewerben; bei Ihrer Initiativbewerbung müssen Sie hier Ihren Beruf beziehungsweise Ihren Wunschjob selbst eintragen.

 Möchten Sie das standardisierte Bewerbungsformular nicht ausfüllen, haben Sie oft die Möglichkeit, zunächst eine Kurzbewerbung, die aus Anschreiben, Lebenslauf und Ihren letzten Zeugnissen besteht, per E-Mail zu senden. Dieses Angebot haben Sie bei Unternehmen, die nur standardisierte Bewerbungsformulare für Ihre Bewerberauswahl einsetzen, jedoch nicht.

Standardisierte Bewerbungsformulare werden bei Personalvermittlungen gezielt eingesetzt und sind darauf spezialisiert, die Angaben von Ihnen zu verlangen, die von der Personalvermittlung für eine Einschätzung Ihrer Fähigkeiten gebraucht werden. Haben Sie Ihre Daten hinterlegt, passiert Folgendes:

✔ Ihre Bewerbung wird von Personalberatern der Personalvermittlung gesichtet und bewertet.

✔ Als Nächstes erfolgt die telefonische Kontaktaufnahme der Personalvermittlung mit Ihnen, um einen Termin für ein Gespräch zu vereinbaren.

✔ In dem persönlichen Gespräch erhalten Sie Feedback zu Ihrer Online-Bewerbung. Sofern Sie sich auf eine konkrete Stelle beworben haben, erfolgt der Abgleich Ihrer fachlichen und persönlichen Qualifikationen mit den Anforderungen des Jobs.

✔ Sind Sie aus Sicht der Personalvermittlung ein geeigneter Kandidat für den angebotenen Job, vermittelt Ihnen die Personalvermittlung einen Vorstellungstermin bei Ihrem potenziellen Arbeitgeber.

✔ Scheint der angebotene Job nicht der richtige zu sein oder handelt es sich um eine Initiativbewerbung, erfragen die Personalvermittler in dem persönlichen Gespräch Ihre Wünsche und Vorstellungen von einem attraktiven Job und machen sich ein persönliches Bild von Ihren Qualifikationen und Stärken.

✔ Gemeinsam bestimmen Sie die weitere Vorgehensweise. Passen momentan keine vakanten Positionen, werden Sie kostenlos in die Bewerberdatenbank der Personalvermittlung aufgenommen. So ist gewährleistet, dass Sie immer wieder über einen möglichen neuen Job informiert werden, ohne dass Sie selbst suchen müssen.

Die Registrierung bei einer Online-Personalvermittlung lohnt sich. Die folgenden Abbildungen geben Ihnen einen Überblick, welche Ihrer persönlichen und beruflichen Daten relevant sein können.

Auffällig bei diesem standardisierten Bewerbungsformular sind die vielen Felder, mittels derer Sie Ihre Erreichbarkeit angeben können. Von privater und geschäftlicher Telefon- und Faxnummer über Handy, E-Mail bis hin zu Ihrer eigenen Website sind alle Angaben möglich. Damit ist sichergestellt, dass die Personalvermittlung mit Ihnen in Kontakt treten kann.

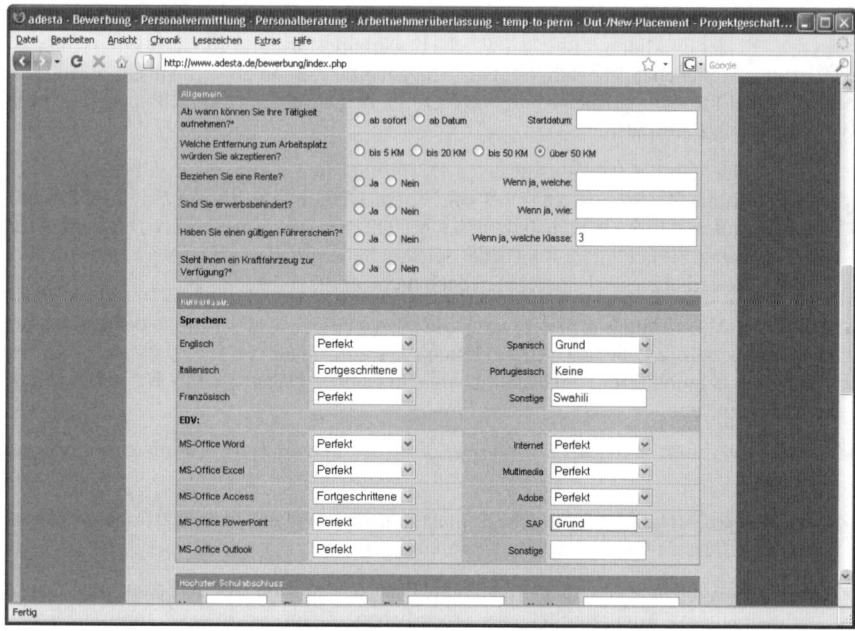

Abbildung 6.5: Füllen Sie alle Felder korrekt aus.

Wie Sie sehen, können Sie hier ganz andere allgemeine Fragen erwarten als bei den standardisierten Bewerbungsformularen der Unternehmen. Mit wenigen konkreten Fragen wird Ihre Mobilität überprüft. Der Bereich KENNTNISSE ist in diesem Beispiel auf Sprachen und EDV konzentriert.

Im Anschluss erwarten Sie die üblichen Eingabefelder zu Schul- und Studienabschluss, Beruf, Ihrer letzten Tätigkeiten bis hin zu Ihren individuellen Ergänzungen.

 Personalvermittlungen möchten ebenso wie Unternehmen auf Ihre Motivation für Ihre Online-Bewerbung schließen. Also nutzen Sie das Feld INDIVIDUELLE ERGÄNZUNGEN und bringen Sie Ihre fachlichen und persönlichen Qualifikationen mit wenigen Worten auf den Punkt. Nutzen Sie Ihr Anschreiben als Vorlage. Kapitel 9, »So sieht das perfekte Anschreiben aus«, zeigt Ihnen, wie Sie ein solches Anschreiben erstellen.

Ihre weiteren Bewerbungsunterlagen wie Lebenslauf und Zeugnisse können Sie bequem an das Bewerbungsformular anhängen.

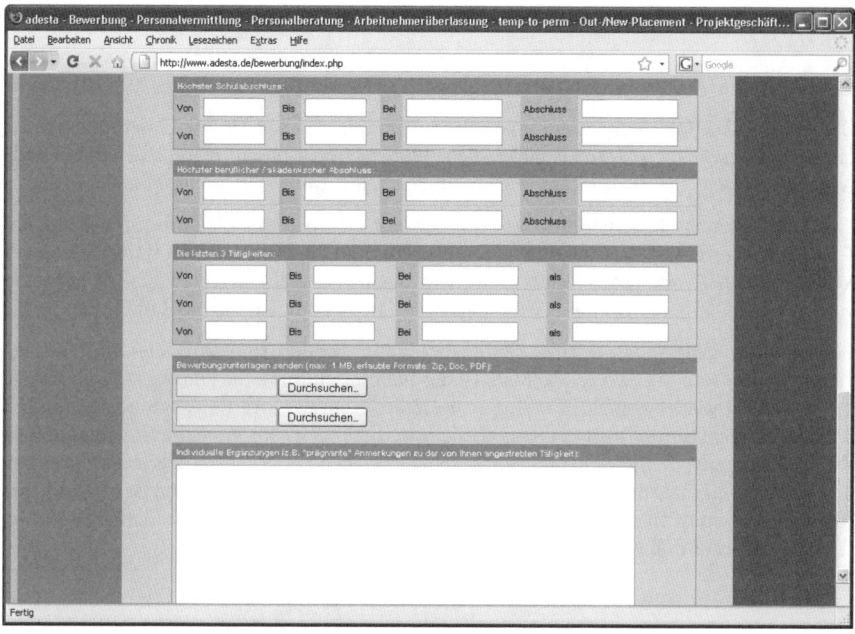

Abbildung 6.6: Diese Eingabemasken sind Ihnen vertraut.

Was Sie nicht vergessen dürfen ...

Sie würden am liebsten auf der Stelle Ihre Online-Bewerbung losschicken. Schließlich haben Sie alle offenen Felder ausgefüllt. Aber Sie sollten Ihre Eingaben jedoch noch einmal prüfen: Drucken Sie Ihre Online-Bewerbung aus.

 Stellen Sie das Druckformat auf Querformat um, damit Ihre Angaben vollständig und übersichtlich gedruckt werden. Im Hochformat werden häufig die Seitenbereiche abgeschnitten und damit sind Ihre ausgedruckten Angaben unvollständig.

Lesen Sie Ihre Online-Bewerbung konzentriert durch:

✔ Es gelten auch hier die Regeln der Etikette und der Briefkommunikation.

✔ Achten Sie auf die korrekte Rechtschreibung.

✔ Allgemeine Höflichkeitsfloskeln sind auch hier selbstverständlich.

✔ Verzichten Sie auf Abkürzungen, Telegrammstil und Umgangssprache.

✔ Verwenden Sie keine unnötigen Schriftzeichen wie Sternchen, Rauten oder Ähnliches.

✔ Haben Sie alle erforderlichen Felder ausgefüllt? Oder gibt es noch leere Felder auf Ihrem Ausdruck?

✔ Prüfen Sie Ihre Dokumentenformate: Word und Excel haben hier nichts zu suchen!

Bietet Ihnen das Unternehmen automatische Ausfüllhilfen für sein Online-Bewerbungsformular an, nutzen Sie diese. Oftmals gibt es neben interaktiver Unterstützung FAQs (Frequently Asked Questions – häufig gestellte Fragen), in denen Sie Antworten auf Ihre Fragen finden.

 Manche Unternehmen lassen Ihnen nur eine begrenzte Zeit, um Ihr standardisiertes Online-Bewerbungsformular auszufüllen. Füllen Sie die Unterlagen daher besser offline aus, drucken Sie Ihre Angaben und ergänzen Sie diese dann wieder im Original-Online-Bewerbungsformular. So kommen Sie nicht unter Zeitdruck.

Sollten Sie aufgrund einer solchen Zeitbeschränkung (Session Time Out) tatsächlich aus Ihrer Online-Bewerbung gekegelt werden, ist das halb so schlimm. Sie können sich dank Ihrer Registrierung wieder anmelden und dort weiterarbeiten, wo Ihre Eingaben gerade unsanft beendet wurden. Firmen nutzen dieses zeitliche Befristungen ganz gern, um Ihre Ausdauer zu testen: Macht sich der Bewerber die Mühe, seine Eingaben zu vervollständigen, auch wenn er sich mehr als einmal anmelden und mit seinen Eingaben starten muss? Dann ist der Bewerber offensichtlich stark an dem angebotenen Job interessiert und kommt allein deshalb schon in die nähere Auswahl. Beweisen Sie Geduld und Ausdauer.

Geben Sie Ihrer Bewerbung den individuellen Touch

Das standardisierte Online-Bewerbungsformular lässt Ihnen nur wenig Spielraum, um sich für Ihren potenziellen neuen Arbeitgeber von der Masse abzuheben und interessant zu machen. Ein paar Möglichkeiten gibt es jedoch:

✔ Sie hinterlegen Ihre fachlichen Qualifikationen bei Ausbildung und berufliche Erfahrung.

✔ Sie haben bei manchen Firmen die Möglichkeit, Ihre Zusatzqualifikationen anzugeben. Damit verdeutlichen Sie Ihre fachlichen Qualitäten und erhöhen Ihre Chance, in die engere Bewerberauswahl zu kommen.

✔ Bei offenen Fragen, wie zum Beispiel *Warum bewerben Sie sich gerade bei uns?* beweisen Sie Ihr Formulierungsgeschick und stellen heraus, dass Sie auch persönlich für die angebotene Stelle geeignet sind. Sie wissen schließlich, wie das geht. In Kapitel 9, »So sieht das perfekte Anschreiben aus«, lernen Sie, Ihr Profil mit der angebotenen Stelle abzugleichen und Ihre Fähigkeiten auf den Punkt zu bringen. Das machen Sie hier jetzt genauso.

✔ Wenn Sie in den Texteingabefeldern genügend Platz haben, vergessen Sie Anrede und freundliche Schlussformel nicht. Damit beweisen Sie nicht nur Stil, sondern auch gepflegte Umgangsformen.

✔ Konzentrieren Sie sich bei der Formulierung in diesen Texteingabefeldern auf Ihre Stärken und machen Sie Ihrem potenziellen Arbeitgeber deutlich klar, welchen Gewinn sein Unternehmen durch Ihre Mitarbeit hätte.

Werfen Sie noch einen letzten Blick auf Ihre Online-Bewerbung. Haben Sie alles ausgefüllt? Sind Sie zufrieden mit Ihrer Bewerbung? Dann speichern Sie all Ihre Daten und senden Sie Ihre Bewerbung ab.

 Achten Sie darauf, dass Sie nach dem Absenden Ihrer Online-Bewerbung eine Erfolgsmeldung bekommen, zum Beispiel in Form einer E-Mail, die besagt, dass Ihre Bewerbung angekommen ist, oder durch eine einfache elektronische Rückmeldung wie »Vielen Dank für Ihre Bewerbung«.

Profilbewerbungen auf Firmen-Websites

7

In diesem Kapitel

▶ Ergreifen Sie die Initiative

▶ So interessant sind Sie für Ihren neuen Arbeitgeber

▶ Auch Ihre Daten wollen gepflegt werden

*B*ei der Suche nach Ihrem Traumjob haben Sie viele Firmen im Visier, die allerdings zurzeit kein passendes Stellenangebot für Sie haben. Wie Sie dennoch die Aufmerksamkeit Ihres Wunscharbeitgebers auf sich lenken können, erfahren Sie in diesem Kapitel.

Ihre erste Arbeitsprobe

Sie haben Ihren Wunscharbeitgeber gefunden, aber der hat momentan keine Stelle für Sie. Egal wie lange Sie suchen, kein einziges Stellenangebot passt auf Sie. Gehen Sie nochmals auf die Website Ihres Wunscharbeitgebers. Klicken Sie auf KARRIERE oder STELLENANGEBOTE. Hier bieten Ihnen viele Firmen die Möglichkeit, Ihr Bewerberprofil zu hinterlegen, auch wenn gerade nicht das passende Stellenangebot für Sie dabei ist. Schließlich haben Sie sich intensiv Gedanken gemacht, warum Sie sich ausgerechnet bei diesem Unternehmen einen Job wünschen:

✔ Das Firmenprofil gefällt Ihnen.

✔ Die Firmenhistorie und die daraus entstandene Unternehmenskultur gefallen Ihnen.

✔ Sie haben viel Positives aus den Medien über dieses Unternehmen erfahren.

✔ Vielleicht kennen Sie sogar Mitarbeiter dieser Firma und die schwärmen in den höchsten Tönen von ihrem Job.

✔ Die Firma ist dafür bekannt, die Leistungen Ihrer Mitarbeiter entsprechend zu honorieren.

Fangen Sie nun nicht gleich an, Ihr Bewerberprofil auf der Firmen-Website zu speichern. Denken Sie erst einmal darüber nach, was Sie gleich machen. Sie starten Ihre ganz persönliche Initiativbewerbung. Sie haben kein Stellenangebot, auf das Sie sich beziehen können. Sie müssen jetzt gut überlegen, welche Angaben Sie vor allem in den Texteingabefeldern machen, wenn Sie zum Beispiel gefragt werden, warum Sie sich gerade bei dieser Firma bewerben oder in welchen Bereichen Sie arbeiten wollen.

Anhand Ihrer Formulierungen und der Sorgfalt, mit der Sie Ihre Eingaben machen, erkennt Ihr potenzieller Arbeitgeber, wie interessiert Sie an der Mitarbeit in seinem Unternehmen sind und ob Sie sich mit der Firma beschäftigt haben. Sie liefern mit Ihren Ausführungen

Ihre erste schriftliche Arbeitsprobe bei Ihrem Wunscharbeitgeber ab. Und Sie wissen ja: Der erste Eindruck bleibt in Erinnerung. Rufen Sie also erst noch einmal die Übersichtsseite der Firmen-Website auf. Was steht da alles?

✔ Die Firmenentwicklung und Historie

✔ Gibt es eine Firmenkultur?

✔ Haben Sie die Möglichkeit, den letzten Geschäftsbericht online einzusehen?

✔ Sind Pressemitteilungen vorhanden? Wenn ja, wie alt sind diese, sind es positive Nachrichten oder wird die Firma eher von der Presse niedergemacht?

✔ Welche Angaben werden zu Mitarbeitern gemacht?

✔ Was steht alles auf den Karriereseiten?

✔ Wie sind Jobangebote aufgebaut: Ähneln sie sich in der Wortwahl und der Struktur?

✔ Werden immer Mitarbeiter mit den gleichen persönlichen Eigenschaften gesucht und nur die fachlichen Eigenschaften variieren je nach Job? Oder sind völlig verschiedene Mitarbeitertypen gefragt?

Jetzt wissen Sie, worauf ich hinauswill: Sie brauchen eine gute Wissensgrundlage, damit Sie Ihrem potenziellen Arbeitgeber mit wenigen Worten klarmachen können, dass Sie in seinen Mitarbeiterstamm passen. Und das schaffen Sie nur, wenn Sie genau wissen, worauf das Unternehmen Wert legt.

Achten Sie auf die Nutzungsbedingungen Ihrer persönlichen Daten, so wie in Kapitel 6, »Die standardisierte Online-Bewerbung«, beschrieben. Sie müssen auch hier wieder die Nutzungsbedingungen akzeptieren, bevor Sie Ihre persönlichen Daten eingeben können.

Sich auf den Karriereseiten registrieren

Registrieren Sie sich zunächst auf der Karriereseite (siehe Abbildung 7.1). In Kapitel 6, »Die standardisierte Online-Bewerbung«, beschreibe ich diesen Vorgang.

Welche Eingaben werden hier von Ihnen verlangt? Alle persönlichen Daten, wobei auch hier die Felder mit einem Sternchen (*) gekennzeichnet sind, die Sie unbedingt ausfüllen müssen, damit das Programm Ihre weiteren Angaben überhaupt zulässt.

Und schon sind Sie im Online-Bewerbungsformular (siehe Abbildung 7.2).

Achten Sie darauf, alle Fragen zu beantworten. Oft sind bereits nicht beantwortete Fragen ein K.-o.-Kriterium und Ihre Bewerbung wird systemseitig aus dem Rennen geworfen, ohne dass je ein Personaler einen Blick auf Ihre Unterlagen geworfen hat. Also bearbeiten Sie eine Frage nach der anderen.

Hier endet das Pflichtprogramm Ihrer Initiativbewerbung. Jetzt kommt die Kür.

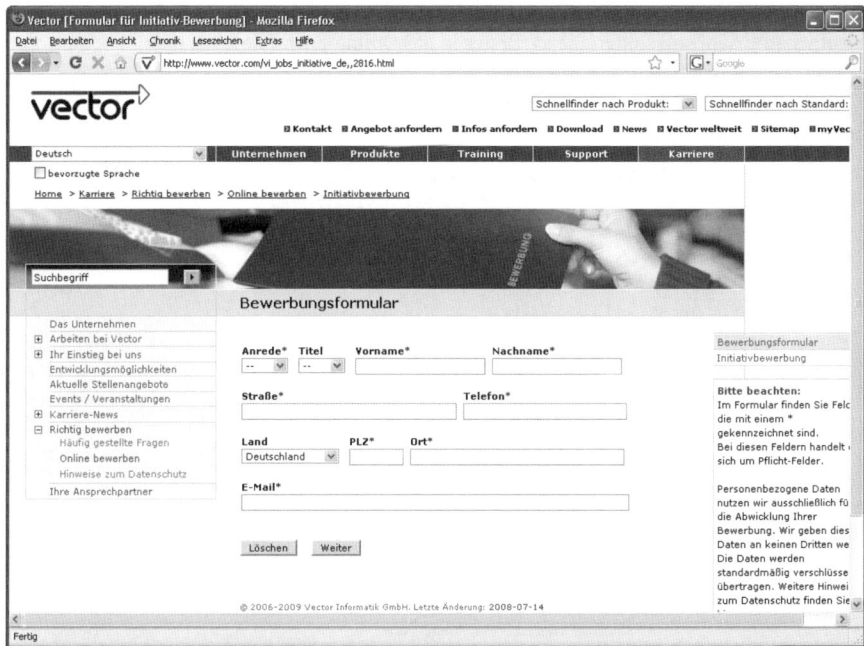

Abbildung 7.1: So registrieren Sie sich auf der Website Ihres Wuncharbeitgebers.

Marketing in eigener Sache

Erklären Sie Ihrem potenziellen Arbeitgeber, warum er Sie unbedingt einstellen soll. Bei den meisten Unternehmen müssen Sie jetzt auf Fragen antworten wie zum Beispiel:

✔ Aus welchen Gründen bewerben Sie sich bei uns?

✔ Warum wollen Sie in unserem Unternehmen arbeiten?

✔ Was haben Sie unserem Unternehmen zu bieten?

✔ Welche Chancen sehen Sie für sich als Mitarbeiter bei uns?

✔ Wie sind Sie auf unser Unternehmen aufmerksam geworden?

Sie haben nicht die Möglichkeit, einen Roman in die wenigen Zeilen zu schreiben, die Ihnen jetzt online zur Verfügung stehen. Sie müssen sich kurzfassen. Und trotzdem eines deutlich machen: Welche Qualitäten Sie Ihrem potenziellen Arbeitgeber zu bieten haben. Manche Firmen verwenden eigene Fragebögen, um Sie näher kennenzulernen, manche verlangen sogar die Lösung kleiner Aufgaben, um Sie zu testen. In Kapitel 10, »Das ist Ihr Lebenslauf«, lernen Sie, Ihren Lebenslauf anschaulich zu verfassen. Nehmen Sie Ihren ausgedruckten Lebenslauf und schauen Sie ihn sich an. Ihre persönlichen Daten und alle Angaben zu Ihrer Ausbildung und beruflichen Erfahrung sollten Sie als Erstes in das Online-Formular eintragen.

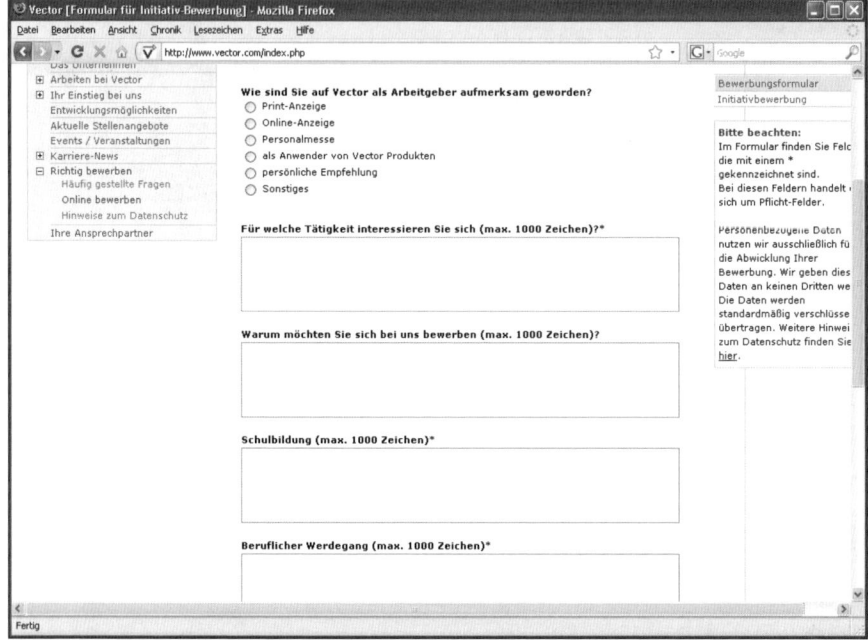

Abbildung 7.2: Das Online-Formular für die Initiativbewerbung

Im Anschluss müssen Sie ein wenig Vorarbeit leisten:

✔ Nehmen Sie alle Infos, die Sie sich über das Unternehmen ausgedruckt haben.

✔ Prüfen Sie die Texte auf Schlüsselwörter wie zum Beispiel Eigenschaften, die von Mitarbeitern erwartet werden (Einsatzbereitschaft, Selbstständigkeit, Kreativität, und so weiter).

✔ Notieren Sie alle Schlüsselworte, die Sie finden, auf einem Blatt Papier, das Sie in eine Tabelle mit drei Spalten einteilen. Die erste Spalte hat die Überschrift *Mitarbeitereigenschaften.*

Jetzt suchen Sie alle Begriffe, mit denen das Unternehmen sich beschreibt (zum Beispiel innovativ, expandieren, wachstumsorientiert etc.).

✔ Tragen Sie diese Begriffe auf dem Papier in die zweite Spalte *So beschreibt sich das Unternehmen* ein.

✔ In die dritte Spalte schreiben Sie alles, was Ihnen sonst noch zu dem Unternehmen einfällt. Da kann zum Beispiel stehen »strukturiert seit Jahren um« oder »will Tochterunternehmen im Ausland gründen« oder »wird seit Monaten von der Presse kritisiert, weil ...«. Die Überschrift dieser Spalte lautet *Auffälligkeiten*.

Jetzt haben Sie eine gute Übersicht über das Unternehmen, sein Profil und die Eigenschaften, die ein Bewerber mitbringen muss, damit er eine Chance zur Mitarbeit bekommt.

Nun verfassen Sie ein Anschreiben an das Unternehmen und konzentrieren sich dabei darauf, den Nutzen, den das Unternehmen von Ihnen hat, in den Vordergrund zu stellen. In Kapitel 9, »So sieht das perfekte Anschreiben aus«, erfahren Sie, was Sie berücksichtigen sollten. Natürlich ist Ihr Anschreiben viel länger als das Texteingabefeld im Online-Bewerbungsformular. Das macht aber gar nichts. Ihr Anschreiben ist die optimale Grundlage für Ihre Eintragungen auf der Firmen-Website. Fassen Sie die wesentlichen Inhalte zusammen und übernehmen Sie diese Sätze im Texteingabefeld. Das kann wie in Abbildung 7.3 gezeigt aussehen.

Abbildung 7.3: Mit den richtigen Worten machen Sie auf sich aufmerksam.

Vermeiden Sie Superlative. Übertreibungen wie der Größte, Schönste und Beste haben in diesem Texteingabefeld ebenso wenig verloren wie in Ihrem Anschreiben. Bleiben Sie authentisch.

Haben Sie Ihren Text nochmals gelesen? Finden Sie Ihre Formulierungen gut und treffend? Falls möglich, sichern Sie jetzt Ihre Eingaben.

Mehr Eingaben sind normalerweise nicht möglich. Senden Sie Ihr Bewerberprofil ab und achten Sie auf die Empfangsbestätigung, damit Sie sicher sein können, dass Ihre Bewerbung auch angekommen ist.

Das Profil aktuell halten

Sie können sich jetzt zurücklehnen und darauf warten, dass sich Ihr Wunscharbeitgeber bei Ihnen meldet. Das kann allerdings Monate dauern. Je nachdem, ob das Unternehmen gerade Bedarf an neuen Mitarbeitern hat oder nicht. Das heißt aber nicht, dass Sie nun monatelang nichts mehr machen müssen. Sie haben auch jetzt die Möglichkeit, Ihren potenziellen neuen Arbeitgeber zu beeindrucken. Sie haben einen Benutzernamen und ein Kennwort. Damit können Sie sich jederzeit bei Ihrem Bewerberprofil einloggen und Daten ergänzen.

✔ Sie machen eine Weiterbildung?

✔ Qualifizieren sich zusätzlich durch einen Kurs und legen eine Prüfung zum Beispiel vor der Industrie- und Handelskammer ab?

✔ Sie übernehmen ein Ehrenamt, wie zum Beispiel eine Prüfertätigkeit?

Loggen Sie sich bei Ihrem Bewerberprofil ein und ergänzen Sie Ihre Daten. Damit zeigen Sie Ihrem potenziellen Arbeitgeber, dass Sie Ihre berufliche Qualifikation weiter vorantreiben.

 Loggen Sie sich ab und zu bei Ihrem Bewerberprofil ein, selbst wenn Sie keine Ergänzungen machen wollen. Sie können bei den meisten Firmen hier auch den Stand Ihrer Bewerbung sehen. Und das ist doch auch schon etwas.

Worauf Sie sonst noch achten müssen

Bevor Sie Ihr aktualisiertes Bewerberprofil speichern, sollten Sie

✔ alle Eintragungen auf korrekte Grammatik und Rechtschreibung prüfen.

✔ nochmals Ihre Wortwahl prüfen. Flapsigkeit oder Slang haben hier nichts verloren. Gutes Deutsch mit dem richtigen Schuss Seriosität ist gefragt.

 Vergessen Sie nicht, Ihren potenziellen Arbeitgeber freundlich darauf hinzuweisen, dass Sie gern bereit sind, jederzeit weitere Unterlagen wie zum Beispiel Zeugnisse, Arbeitsnachweise und so weiter nachzureichen. Oder haben Sie womöglich eine Website, auf der sich Ihr potenzieller Arbeitgeber ein »Rundumbild« von Ihnen machen kann?

PS: Ihre Bewerber-Website

Ihnen hier und jetzt eine detaillierte technische Beschreibung an die Hand zu geben, wie Sie am einfachsten Ihre eigene Bewerber-Website aufbauen, würde den Rahmen dieses Buches sprengen. Aber selbst wenn Sie computertechnisch nicht sonderlich bewandert sind, gibt es viele Möglichkeiten, eine solche Website einfach und unkompliziert einzurichten:

✔ mit einem Webeditor-Programm wie zum Beispiel Microsoft Expression Web für Windows oder iWeb für Mac OS.

✔ mit dem Kauf Ihrer Internetadresse bei einem Provider. Hier werden Ihnen kostenlos Webeditoren angeboten.

✔ manche Internetprovider bieten Ihnen die Einrichtung Ihrer Website sogar als Serviceleistung entweder kostenlos oder für ein geringes Entgelt an.

Wenn Ihnen die Programmierung der eigenen Website zu viel Arbeit macht, investieren Sie einen Betrag, der von 100 bis weit über 500 Euro gehen kann, in einen professionellen Webdesigner, der Ihre Bewerber-Website nach Ihren Wünschen gestaltet. Bevor Sie in mühevoller Arbeit Ihre Bewerber-Website unprofessionell erstellen, lohnt sich diese Investition in einen Profi auf jeden Fall.

Bevor Sie sich nun aber gleich mit der Gestaltung Ihrer Bewerber-Website beschäftigen, sollten Sie wissen, dass nicht jede Firma begeistert ist, Ihre künftigen Mitarbeiter im Internet öffentlich präsentiert vorzufinden. Bei kleinen Unternehmen kann Ihre Bewerber-Website als übertriebene Selbstdarstellung ankommen. Bewerben Sie sich im Multimediabereich ist Ihre Bewerber-Website dagegen schon ein Muss oder besser gesagt Standard.

Um Ihre Bewerber-Website einzurichten, brauchen Sie einen guten Domainnamen, am besten einen, der Ihren Namen enthält, also beispielsweise www.vorname-nachname.de. Da es durchaus sein kann, dass Sie einen Namensdoppelgänger haben, können Sie vorab unter www.denic.de prüfen, ob Ihre Wunschdomain noch frei ist.

 Wenn Sie bei Anbietern wie T-Online Ihre eigene Webseite einrichten, erscheinen Sie nicht mit der eigenen Domain in den bekannten Suchmaschinen, sondern in einem nicht so schnell zu findenden Unterverzeichnis. Wenn Sie sich also nicht allzu öffentlich präsentieren wollen, sollten Sie diese Möglichkeit nutzen, um Ihre Bewerber-Website einzurichten.

Haben Sie Ihren Domainnamen? Was soll der Betrachter Ihrer Bewerber-Website über Sie erfahren?

Informationen, die keinesfalls fehlen dürfen

Versetzen Sie sich in die Rolle eines Personalentscheiders und überlegen Sie, was Sie über Ihren potenziellen neuen Mitarbeiter auf einen Blick erfahren wollen:

✔ Eine kurze Vorstellung des Bewerbers mit seinen persönlichen Daten

✔ Den Lebenslauf, mit der Möglichkeit, diesen unkompliziert auszudrucken

✔ Aktuelle Zeugnisse und/oder Beurteilungen

✔ Eventuell ein Foto

✔ Im handwerklichen Bereich gerne auch Fotos von Arbeitsproben

✔ Kontaktmöglichkeiten wie zum Beispiel die E-Mail-Adresse, Telefonnummer oder die Möglichkeit, eine Nachricht auf der Website zu hinterlassen

Wenn Sie sich kurz vorstellen, sollten Sie darauf achten, Ihre Stärken und besonderen Kenntnisse hervorzuheben. Schauen Sie sich einmal Kapitel 11, »Sie haben noch viel mehr zu bieten: Ihre Anlagen«, an. Wie wäre es, wenn Sie diese Ausarbeitung als Kurzpräsentation in Ihre Bewerber-Website integrieren? Hier haben Sie bereits Ihre persönlichen Eigenschaften in Kombination mit Ihrem Fachwissen ansprechend und sympathisch formuliert.

Wenn Sie Lust haben, können Sie ein paar Worte zu Ihrer persönlichen Lebens- und/oder Arbeitsphilosophie schreiben.

Neben Ihrem Lebenslauf können Sie eine zusätzliche Seite einrichten, in der Sie ausführlich über Ihren beruflichen Hintergrund berichten oder über Ihre Berufserfahrung und besonderen Interessen.

Richten Sie einen Bereich ein, über den Ihre Dokumente wie zum Beispiel

✔ Ihr Lebenslauf,

✔ weitere berufliche Informationen,

✔ Ihre Dritte Seite

herunterzuladen oder direkt auszudrucken sind.

Sie können Ihre Dokumente durch ein Passwort schützen lassen. Vergessen Sie dann aber nicht, dieses an Ihren potenziellen Arbeitgeber zu übermitteln.

 Oft sind Personalentscheider wenig begeistert, wenn Sie sich mittels Passwort irgendwo im Web einloggen müssen, um dann nach Ihren Daten zu suchen. Verweisen Sie deshalb in Ihrer vollständig ausgefüllten Online-Bewerbung besser mit einem Link auf Ihre Bewerber-Website. So kann sich Ihr potenzieller Arbeitgeber den Eindruck, den er von Ihnen aufgrund Ihrer Online-Bewerbung hat, entweder bestätigen lassen oder ihn abrunden.

Weniger ist hier oft mehr

Ihre Bewerber-Website ist Ihre Visitenkarte, mit der Sie bei Ihrem potenziellen neuen Arbeitgeber Eindruck schinden wollen. Sie sollten sich hier angemessen und zielgruppenorientiert präsentieren. Inhaltliche Seriosität ist also ebenso selbstverständlich wie Benutzerfreundlichkeit:

✔ Verzichten Sie auf aufwendige Animationen, die Ihren potenziellen Arbeitgeber viel Zeit und jede Menge Nerven kosten. Das gilt auch für umfangreiche multimediale Inhalte.

✔ Urlaubsbilder haben hier nichts verloren.

✔ Achten Sie auf ein gutes Bewerbungsfoto.

✔ Die übersichtliche, klar strukturierte Darstellung aller bewerbungsrelevanten Inhalte ist ein absolutes Muss!

✔ Denken Sie daran, wichtige Informationen in den Vordergrund zu stellen. Das gilt besonders für Ihre Kontaktdaten.

 Testen Sie an unterschiedlichen Computern mit verschiedenen Browsern, wie Ihre Seite aussieht. So finden Sie heraus, ob Ihre Bewerber-Website auch tatsächlich optisch sauber und inhaltlich fehlerfrei online gehen kann. Rechtschreib- und Grammatikprüfung sind für Sie mittlerweile selbstverständlich.

Dass Sie Ihre Daten und die Gestaltung Ihrer Bewerber-Website ständig auf dem aktuellen Stand halten, ist selbstverständlich.

Damit Suchmaschinen Ihre Website schnell finden, werfen Sie einmal einen Blick auf www.suchfibel.de (siehe Abbildung 7.4). Hier erfahren Sie, worauf (das heißt auf welche Metatags) Sie achten müssen.

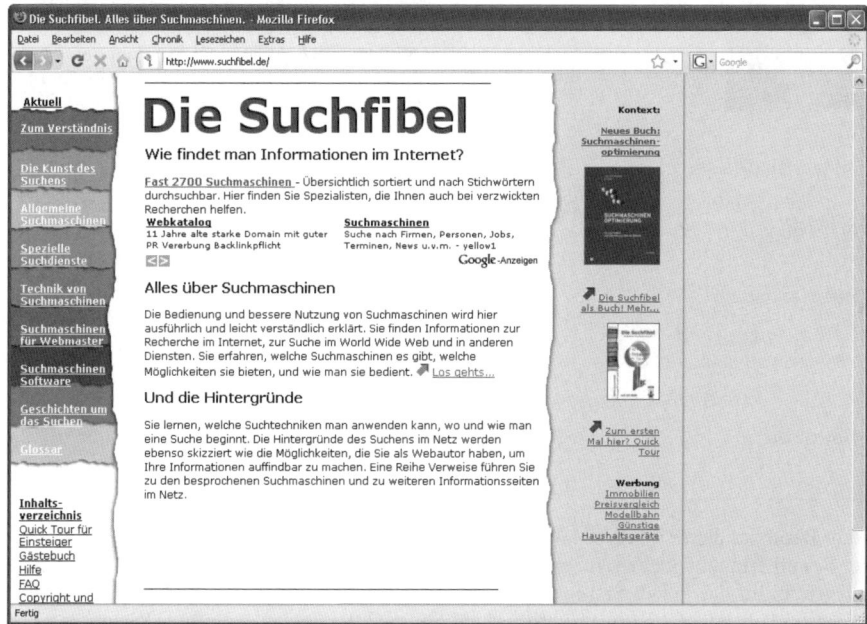

Abbildung 7.4: Hier erhalten Sie alle wichtigen Informationen, damit Ihre Website schnell gefunden wird.

Verzichten Sie auf Ihrer Bewerber-Website auf Links, vor allem zu unseriösen Seiten, auf denen Sie in peinlichen Situationen in Schrift und/oder Bild festgehalten sind. Denken Sie daran: So wie Sie Ihren potenziellen Arbeitgeber googeln können, googeln viele Personalentscheider ihre Bewerber. Prüfen Sie also häufiger das Web, damit über Sie keine zweifelhaften oder gar rufschädigenden Informationen kursieren. Das wäre mehr als peinlich!

So kann Ihre Bewerber-Website aussehen

Die folgenden Beispiele zeigen Ihnen, wie Ihre Bewerber-Website aufgebaut sein könnte. Übersichtlichkeit und Informationsgehalt sind das Nonplusultra. Lassen Sie sich inspirieren!

Hier die Einstiegsseite einer Bewerber-Website.

Bewerber-Website von Anna-Maria Hauser

Anna-Maria Hauser

Ausbildung

Berufserfahrung

Wissenswertes über mich

Download

Anna-Maria Hauser

Herzlich willkommen auf meiner Bewerber-Website. Hier finden Sie Informationen über meine beruflichen und persönlichen Qualifikationen. Zögern Sie nicht, Kontakt mit mir aufzunehmen. Ich freue mich über Ihren Anruf oder Ihre E-Mail.

Anna-Maria Hauser

Adresse
Bürgermeister Schell Straße 5
77899 Waldhausen

Kontakt
+49 76554 123456
anna@mahauser.de

Jeder Besucher dieser Bewerber-Website bekommt sofort einen sympathischen Eindruck von der Bewerberin. Auf der ersten Seite hat sie in ihre freundliche Begrüßung ihre Kontaktdaten integriert. Auf der linken Seite verweist sie unter ihrem professionell aufgenommenen Bewerberfoto übersichtlich und strukturiert auf weitere Informationen zu Ihrer Person. Je nach Interesse kann ihr potenzieller Arbeitgeber sich über die Bewerberin informieren. Die Angaben zu Ausbildung und Berufserfahrung kann die Bewerberin praktischerweise ihrem Lebenslauf entnehmen und übersichtlich in tabellarischer Form speichern.

Die Rubrik *Wissenswertes über mich* umfasst alle Informationen, die Sie als Bewerber mit Ihrer »Dritten Seite« (siehe hierzu Kapitel 11) kommunizieren möchten. Ihre Stärken, besondere berufliche, fachliche Qualifikationen, Zusatzqualifikationen und so weiter. Was immer Sie für Ihren potenziellen Arbeitgeber interessant macht, gehört hier hin. Aber übertreiben Sie nicht mit Ihren Formulierungen.

Sie können diese Seite auf Ihrer Bewerber-Website folgendermaßen gestalten.

Persönliche Angaben wie Name, Anschrift, Kontaktdaten

Meine beruflichen und persönlichen Kenntnisse, Fähigkeiten und Erfahrungen

Wirtschaft und EDV
Betriebswirtschaftliches Studium mit Schwerpunkten in PC-Anwendersoftware und Programmentwicklung

Arbeitsweise
Zielorientiert und professionell. Insbesondere unter erschwerten Arbeitsbedingungen verliere ich weder den Überblick noch die Ruhe. Mit meiner ruhigen und besonnenen Art setze ich Prioritäten richtig. Eigenverantwortliches Arbeiten ist für mich selbstverständlich.

Führungserfahrung
Ich bin verantwortlich für eine Gruppe von fünf Servicemitarbeitern mit unterschiedlichen Schwerpunktthemen.

Projekterfahrung
Planung und Organisation internationaler Projekte unter Berücksichtigung der erforderlichen Koordinierungsschwerpunkte und der Entwicklung passender Konzepte habe ich im Rahmen meines Auslandsaufenthalts in Spanien und Italien in den letzten zwei Jahren sammeln können.

Online kann Ihre Bewerber-Website so aussehen:

Auf einer optisch ansprechenden Startseite wird der potenzielle Arbeitgeber mit einer Begrüßung und einem Bild von Ihnen empfangen. Eine übersichtlich gestaltete Bewerber-Website ist das A und O:

✔ Auf der linken Seite ist die komplette Inhaltsübersicht abgedruckt, die den potenziellen Arbeitgeber auf jeder ausgewählten Seite begleitet, sodass er ohne Suchen jederzeit die Angaben aufrufen kann, die ihn gerade interessieren.

✔ Jede aufgerufene Seite beginnt mit ihrer Überschrift: *Home, Persönliche Daten, Mein Profil* und so weiter.

✔ Mit einer freundlichen Begrüßung wird der potenzielle Arbeitgeber auf der _Home_-Seite begrüßt.

✔ Im Anschluss stellen Sie sich wie mit einem Anschreiben vor und heben Ihre beruflichen Kerndaten besonders hervor.

✔ Abschließend erfolgt ein Hinweis über die nächsten Seiten der Bewerber-Website.

Auf Ihrer Profil-Seite präsentieren Sie Ihre Berufserfahrung in Kombination mit Ihren fachlichen und persönlichen Qualifikationen. So kann sich Ihr potenzieller Arbeitgeber einen guten Eindruck verschaffen, ob Sie zu seinem Unternehmen passen.

Im amerikanischen Stil ist der Lebenslauf verfasst und gibt Auskunft über die Schwerpunkttätigkeiten während der verschiedenen beruflichen Stationen. Ihr potenzieller Arbeitgeber erhält so einen guten Überblick über Ihre berufliche Entwicklung.

Auf Ihrer Bewerber-Website können Sie bequem alle Zeugnisse und Referenzen hinterlegen:

✔ Achten Sie auf die chronologische Reihenfolge Ihrer Unterlagen.

✔ Speichern Sie alle Dokumente als PDF-Datei ab.

✔ Erstellen Sie zu jedem Dokument eine kurze Inhaltsangabe, damit Ihr potenzieller Arbeitgeber bereits hier entscheiden kann, ob er das Dokument einsehen möchte oder nicht.

Wenn Sie Links auf Ihrer Bewerber-Website integrieren, achten Sie darauf, dass diese Ihre beruflichen und persönlichen Qualifikationen unterstreichen und seriös sind.

Gestalten Sie Ihren Downloadbereich als Online-Bewerbungsmappe, sodass Ihr potenzieller neuer Arbeitgeber nochmals alle Ihre Dokumente geordnet ansehen und bei Interesse herunterladen oder direkt von dort aus ausdrucken kann. Mit der Angabe Ihrer vollständigen Kontaktdaten runden Sie Ihre Bewerber-Website ab. So interessant und vielseitig kann eine Bewerber-Website aussehen!

Jetzt haben Sie eine Vorstellung, wie Ihre Bewerber-Website aussehen kann. Im nächsten Kapitel lernen Sie noch einiges mehr über Ihre persönlichen Werbestrategien.

Ihre eigene Stellenanzeige im Internet

8

In diesem Kapitel

▶ Ihr Profil ist gefragt

▶ So machen Sie auf sich aufmerksam

▶ Streuen Sie Ihr Stellengesuch gezielt

*T*ag für Tag nach seinem Traumjob zu suchen, ist nicht nur sehr anstrengend, sondern – je nachdem, wie häufig Sie eine passende Stellenanzeige finden – teilweise recht frustrierend. Wie wäre es, wenn Sie aktiv werden? Machen Sie Jobanbieter auf sich aufmerksam. Wie? Das erfahren Sie in diesem Kapitel.

Setzen Sie die richtigen Schwerpunkte

Nehmen Sie sich die letzte Wochenendzeitung und schlagen Sie die Seite mit den Stellengesuchen auf. Sie sehen, dass die meisten Stellengesuche farblos sind, sich in der Wortwahl ähneln, langweilig wirken und Ihnen das Gefühl vermitteln, dass der Bewerber den wirklich verzweifelten allerletzten Versuch macht, doch noch irgendwo und irgendwie einen Job zu bekommen.

Mit Ihrem Stellengesuch in der Zeitung ist so wie mit Ihrer Bewerbung: Sie wollen bei Ihrem potenziellen Arbeitgeber den Wunsch wecken, dass er Sie persönlich kennenlernen möchte. Nehmen Sie sich daher für den Entwurf Ihres Stellengesuchs Zeit.

 Wenn Sie nach stundenlanger Arbeit überzeugt sind, die richtigen Worte gewählt zu haben, legen Sie Ihr Stellengesuch beiseite und schlafen eine Nacht darüber. Lesen Sie am nächsten Morgen Ihr Stellengesuch nochmals konzentriert durch. Mit ein bisschen Abstand betrachten Sie die eine oder andere Formulierung vielleicht ein wenig kritischer und können Änderungen vornehmen. Geben Sie Ihr Stellengesuch erst auf, wenn Sie überzeugt sind, dass alle wichtigen Informationen enthalten sind.

In Kapitel 1, »Wissen Sie, was Sie wollen?«, haben Sie Ihr Persönlichkeitsprofil mit all Ihren Stärken und fachlichen Qualifikationen erarbeitet. Das ist eine prima Grundlage, um jetzt Ihr Stellengesuch zu formulieren.

Aufbau und Inhalt Ihres Stellengesuchs

Wie jede Anzeige hat auch Ihr Stellengesuch eine Überschrift und einen Text:

✔ Die Überschrift muss so gut formuliert sein, dass sie bereits beim Überfliegen neugierig macht.

✔ Mit dem Text müssen Sie sich so interessant machen, dass ein potenzieller Arbeitgeber am liebsten gleich mit Ihnen Kontakt aufnehmen möchte.

Nutzen Sie die grafischen Gestaltungsmöglichkeiten, die Ihnen angeboten werden, wie zum Beispiel:

✔ verschiedene Schrifttypen

✔ unterschiedliche Formatierungen (fett, kursiv, unterstrichen)

✔ einen dezenten Hintergrundton

✔ einen Rahmen um Ihr Stellengesuch

Wie groß Ihre Anzeige wird, hängt davon ab, was Sie alles über sich erzählen, und ist unter anderem auch eine Kostenfrage.

 Informieren Sie sich vorab über die Preise für ein Stellengesuch. Wenn Sie sich entschieden haben, was Sie ausgeben wollen, wissen Sie gleichzeitig, wie viele Worte Sie in Ihrem Stellengesuch schreiben können. Damit haben Sie den Umfang Ihres Stellengesuchs festgelegt.

Stellengesuche werden fast immer unter *Chiffre* aufgesetzt. Das ist besonders wichtig, wenn Sie noch in einem ungekündigten Arbeitsverhältnis stehen. Wenn für Sie Anonymität keine Rolle spielt, können Sie Ihre Telefonnummer und/oder Ihre E-Mail-Adresse angeben. So kann ein potenzieller Arbeitgeber direkt mit Ihnen Kontakt aufnehmen.

So kann Ihr Stellengesuch aussehen

Nehmen Sie folgende Stellengesuche als Anregung für Ihre eigene. Die Annoncen zeigen verschiedene Möglichkeiten, wie Sie Ihren potenziellen Arbeitgeber auf sich aufmerksam machen können.

Anzeige 1

Elektroinstallateur, 39 J., mit Fachkenntnissen in Steuerungs- und Schaltanlagen, Haus- und Halleninstallation sowie Schaltschrankbau, für den eigenverantwortliches und organisiertes Arbeiten selbstverständlich ist, sucht ab 01.10.2009 Arbeit im Großraum München.
Telefon 0171 / 777 777 77

Das Stellengesuch ist schlicht, aber seriös formuliert und enthält alle wichtigen Informationen über den Arbeitssuchenden. Es geht auch so:

Anzeige 2

Deutsch, Englisch, Französisch, Italienisch und Spanisch
beherrsche ich in Wort und Schrift:
Fremdsprachenkorrespondentin sucht ab 01.01.2010 neuen Wirkungskreis im Raum 7/8. Ich verfüge über dreizehn Jahre Berufserfahrung, bin stressresistent und flexibel. PC-Kenntnisse in allen MS-Office-Anwendungen vorhanden.
Chiffre # 123 456

Die Inserentin hat ihre Sprachkenntnisse dem eigentlichen Anzeigentext vorangestellt, um so auf ihre Stärken aufmerksam zu machen. Das ist ihr gut gelingen.

Sie können wie im folgenden Stellengesuch einen Ausrufesatz verwenden, um Ihren potenziellen Arbeitgeber neugierig zu machen:

Anzeige 3

Zeit und Ort bestimmen Sie!
Unabhängige, zeitlich flexible, versierte und kreative Buchhändlerin mit Schwerpunkten in den Bereichen Pressearbeit und Marketing, die auch in schwierigen Situationen stets einen kühlen Kopf behält, kann zum 01.02.2010 Ihr Team verstärken.
Chiffre # 3355777

Klingt nach einer interessanten, selbstbewussten Persönlichkeit, die auf Stellensuche ist. Je neugieriger Sie Ihren potenziellen Arbeitgeber machen, desto größer ist die Chance, dass er mit Ihnen Kontakt aufnimmt.

Wenn Ihnen diese Anzeigen zu »konservativ« sind, gestalten Sie Ihr Stellengesuch doch etwas ausgefallener:

Anzeige 4

Ich agiere mit Herz und Verstand!

... seit über 20 Jahren

Die Pflege älterer und insbesondere hilfsbedürftiger Menschen ist für mich ebenso selbstverständlich wie die Organisation und Überwachung von Pflegeprozessen. Gerne überzeuge ich Sie von meinen fachlichen und persönlichen Qualitäten.

Ich freue mich auf Ihre Kontaktaufnahme:

Andrea Schimbeno
Examinierte Altenpflegerin
E-Mail: andrea@schimbeno.de
Telefon: 0177 / 77 77 7777

Selbst »nüchterne« Berufe können Sie in Ihrem Stellengesuch kreativ darstellen:

Anzeige 5

Keiner will nur eine Nummer sein ...

Bilanzbuchhalter, konsequenter Zahlendompteur mit ausgeprägter Sozialkompetenz zeigt Ihnen konstruktive zielführende Wege zu Ihren Erfolgszahlen

Kontakt: Max Muster, Betriebswirt (FH)
E-Mail: max@muster-web.de
Telefon: 0173 / 77 66 8899

Sie suchen einen Ausbildungsplatz? Probieren Sie es mit einem pfiffigen Stellengesuch, zum Beispiel so:

Anzeige 6

Andrea Schimbeno

geb. am 18. Mai 1993 in Bonn
Meierhofstaße 33
33133 Meiershausen
E-Mail: andrea@schimbeno.de
Telefon: 0721 / 77 99 898

L ernen ist für mich eine Leidenschaft
E igenschaften wie Aufgeschlossenheit, Freundlichkeit und Geduld sind meine Stärken
B esonders liebe ich Kinder
E rzieherin ist mein Traumberuf
N otendurchschnitt 1,2
S schulische Bildung Mittlere Reife
L ieblingsfächer Deutsch, Biologie und Sport
A ußergewöhnliches Engagement beweise ich als Trainerin der Jugendmannschaft
Volleyball-Hasen e.V.
U nd meine Hobbys sind Lesen, Inlineskaten und Volleyball
F ordern Sie meine vollständigen Bewerbungsunterlagen an!

Auf der Suche nach Ihrem Ausbildungsplatz können Sie auch mit dem folgenden Stellengesuch (Anzeige 7) Ihre Kreativität beweisen:

Wie auch immer Sie Ihr Stellengesuch gestalten, testen Sie doch einfach, wie Ihre Anzeige auf andere wirkt, bevor Sie diese an den Markt geben.

Wie wirkt Ihr Stellengesuch auf Dritte?

Bitten Sie eine Person, zu der Sie Vertrauen haben und die Sie gut kennt, Ihr Gesuch in Ruhe zu lesen und Ihnen zu sagen, was sie von Ihren Formulierungen hält:

✔ Treffen die Aussagen auf Sie zu?

✔ Sind das wirklich Ihre Stärken, die Sie beschrieben haben?

✔ Übertreiben Sie nicht?

✔ Können Sie das leisten, was Sie anbieten?

✔ Erkennt der Leser dieser Anzeige Sie wieder?

✔ Wie authentisch kommen Sie rüber?

Wie auch immer die Antwort Ihrer Vertrauensperson ausfällt, denken Sie darüber nach. Vielleicht wollen Sie Ihr Stellengesuch umformulieren oder nur eine kleine Änderung vornehmen?

Anzeige 7

Kommunikation verbindet

… und gute Assistenten – Technische Kommunikation werden von Ihnen ausgebildet

Max Muster   mein Name

Assistent – Technische Kommunikation   mein Berufswunsch

Persönliches
geb. am 24.12.1991 in Sonthofen
Schulabschluss 05/2009: Abitur
Lieblingsfächer: EDV, Informatik und Grafikdesign
Hobbys: Computerspiele und Fußball

Meine Eigenschaften
Aufgeschlossenheit, Zuverlässigkeit,
Verbindlichkeit, Kreativität
Freundlichkeit, Humor

Habe ich Ihr Interesse geweckt? Dann freue ich mich auf Ihre Kontaktaufnahme:
Musterstraße 1, 77889 Musterhausen
E-Mail: Max@muster-web.de
Telefon: 0123 / 3344567

Der richtige Platz für Ihr Stellengesuch

Sie haben in unserem Multimediazeitalter verschiedene Möglichkeiten, Ihr Stellengesuch zu platzieren, damit Sie Ihren potenziellen Arbeitgeber auf sich aufmerksam machen:

✔ Tageszeitungen – print oder online

✔ Online-Jobbörsen

✔ Online-Branchenstellenmärkte

✔ Suchmaschinen wie zum Beispiel Google

✔ Weblogs

✔ Webbasierte Business-Plattformen wie zum Beispiel XING

Wenn Sie wollen, können Sie Ihr Stellengesuch bei allen genannten Anbietern schalten.

Nicht alle Anbieter ermöglichen es Ihnen, Ihr Stellengesuch kostenlos zu inserieren. Klären Sie vorab, ob und wie viel Sie für Ihre Anzeige bezahlen müssen. Wenn Ihnen die Kosten zu hoch erscheinen, wählen Sie einen Anbieter, der Ihnen diesen Service umsonst ermöglicht.

Kosten entstehen auf jeden Fall bei einem Inserat in einer Tageszeitung.

Ihr Stellengesuch in Online-Tageszeitungen

Nahezu alle Zeitungen bieten an, Stellengesuche online zu inserieren. Das hat den Vorteil, dass Ihr potenzieller Arbeitgeber Ihre Anzeige nicht nur an dem einen Wochentag, an dem der Stellenmarkt in der Zeitung gedruckt wird, findet, sondern über einen längeren Zeitraum Zugriff auf Ihr Stellengesuch hat. Wie lange Ihr Stellengesuch online bleiben soll, entscheiden Sie. Natürlich ist diese Entscheidung auch eine Kostenfrage. Die Preise für Ihr Stellengesuch variieren je nach:

✔ Größe (ein-, zwei- oder dreispaltige Anzeige)

✔ Textlänge (Anzahl der Wörter und Schriftzeichen)

✔ Chiffre-Gebühren (Höhe ist abhängig von Zustellung in In- und Ausland oder per Luftpost)

✔ Erscheinungsdauer

Manche Zeitungen bieten Inserenten Aktionspreise an. Informieren Sie sich über die Möglichkeiten, die Sie als Inserent haben. Wenn Ihnen die Informationen auf der Website der Zeitung nicht ausreichen, scheuen Sie sich nicht, zum Telefonhörer zu greifen und Ihre Fragen in einem Gespräch zu klären. So können Sie manchen Euro sparen.

Die Vorgehensweise, Ihre Stellenanzeige online zu schalten, ist bei fast allen Zeitungen ähnlich.

Es kann sein, dass Sie den zeitungseigenen Anzeigen-Editor herunterladen müssen. Das geht relativ unkompliziert. Sollten Sie dennoch einmal nicht weiterkommen, hilft Ihnen eine Hotline weiter.

Sie haben Ihren Anzeigentext bereits festgelegt. Folgende Schritte sind im Allgemeinen notwendig, damit Ihre Anzeige online registriert wird:

✔ Legen Sie die Rubrik fest, in der Ihre Anzeige veröffentlicht werden soll.

Wenn die Möglichkeit besteht, können Sie hier eine Unterrubrik auswählen. Nutzen Sie diese Gelegenheit. Je konkreter Ihre Stellenanzeige ist, desto leichter sind Sie für Ihren potenziellen Arbeitgeber zu finden.

✔ Entscheiden Sie, wie lange die Laufzeit für Ihr Stellengesuch sein soll.

✔ Wählen Sie den Starttermin, zu dem Ihre Anzeige erscheinen soll.

✔ Entscheiden Sie, ob als Chiffre-Anzeige oder nicht.

✔ Sie werden durch eine Mustergalerie von Anzeigen geführt, die je nach Spaltengröße, Schriftarten und -auszeichnungen sowie Textlänge variieren. Haben Sie ein Muster gefunden, das Ihren Vorstellungen entspricht, geht's zum nächsten Schritt.

✔ Geben Sie Ihren Text ein. Meistens werden Sie hier bereits über die Kosten für Ihre Stellenanzeige informiert.

✔ Begutachten Sie in der Anzeigenvorschau Ihr Stellengesuch. Ist alles perfekt? Prima. Dann geht's weiter.

✔ Anschließend werden Ihre persönlichen Daten erfasst und die Zahlungsmodalitäten geklärt.

✔ Zum Abschluss müssen Sie sich mit den allgemeinen Geschäftsbedingungen für Stellengesuche einverstanden erklären.

 Setzen Sie nicht einfach nur ein Häkchen bei den allgemeinen Geschäftsbedingungen, sondern lesen Sie sie genau durch. Nur so können Sie sicher sein, dass Ihre Daten ausschließlich in Ihrem Sinne gespeichert und verwendet werden!

Speichern Sie Ihre Daten, senden Sie sie online an Ihre Zeitung und Ihr Stellengesuch erscheint wunschgemäß.

Jobbörsen - das Nonplusultra?

Wie Sie in Jobbörsen nach Ihrem Traumjob suchen können, erfahren Sie in Kapitel 2, »Auf Stellensuche im Internet«. Leider bieten nur wenige Jobbörsen Ihnen die Möglichkeit, Ihr eigenes Stellengesuch aufzugeben. Bei den meisten Jobbörsen müssen Sie sich zunächst einmal registrieren.

Im Anschluss können Sie Ihren Lebenslauf eintragen. Nehmen Sie sich für diese Eintragungen Zeit. In Kapitel 10, »Das ist Ihr Lebenslauf«, können Sie nachlesen, wie Sie Ihren Lebenslauf verfassen, damit Sie wissen, worauf es ankommt. Es stehen Ihnen nur kleine, auf wenige Wörter begrenzte Texteingabefelder zur Verfügung, in denen Sie Ihre Stärken und besonderen Qualifikationen deutlich machen können. Nutzen Sie diese Chance und konzentrieren Sie sich auf das Wesentliche!

 Manche Jobbörse bietet Ihnen an, dass Sie Ihren Lebenslauf als Datei speichern können. Sie werden auf das oder die gewünschten Dateiformate und die maximale Größe Ihrer Datei hingewiesen. Zögern Sie nicht, Ihren Lebenslauf in der angegebenen Form zu hinterlegen. So können Sie Ihrem potenziellen Arbeitgeber viel mehr Informationen geben. Sie brauchen sich dann nicht auf die kleinen Texteingabefelder zu beschränken.

Gefunden werden Sie von potenziellen Arbeitgebern aufgrund der *angestrebten Position*, die Sie in Ihrem Jobbörsen-Lebenslauf angeben müssen. Überlegen Sie gut, was Sie hier schreiben. Die Chance, mit einer optisch gut aufgemachten Anzeige Ihrem potenziellen Arbeitgeber ins Auge zu stechen, haben Sie leider nicht.

Geben Sie keine Wunschpositionen ein, für die Sie noch nicht qualifiziert sind. Sonst kegeln Sie sich aus dem Bewerbungsprozess.

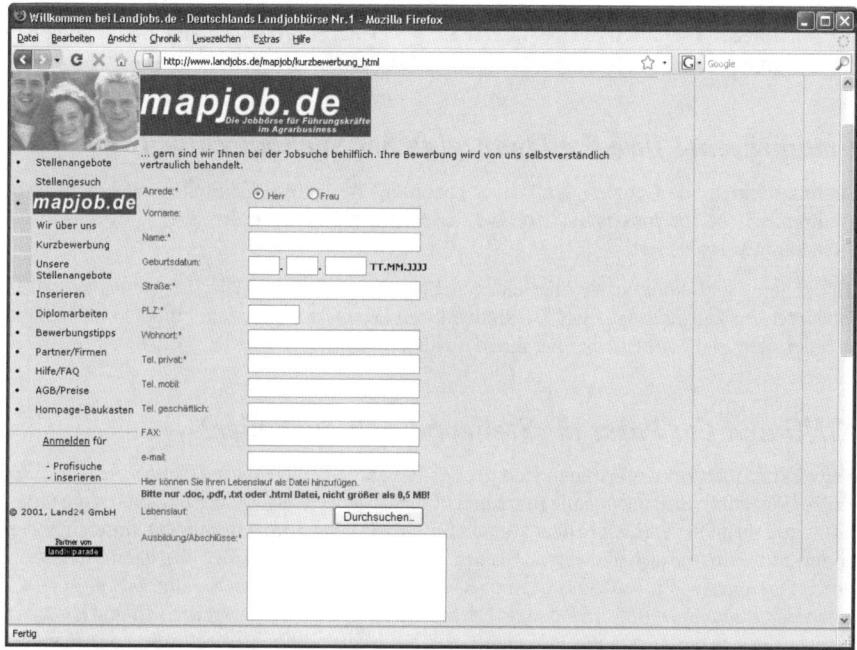

Abbildung 8.1: Nicht alle Dateiformate eignen sich, um Ihren Lebenslauf als Datei abzuspeichern.

Bei manchen Jobbörsen können Sie wählen, ob Sie Ihren Lebenslauf online eingeben oder als Datei hinzufügen (siehe Abbildung 8.1). Andere Jobbörsen sind offen für Ihr konkretes Stellengesuch. Endlich können Sie Ihr Stellengesuch auch in einer Jobbörse veröffentlichen.

✔ Zuerst lesen Sie die Nutzerhinweise sowie die allgemeinen Geschäftsbedingungen und dann geben Sie Ihr Stellengesuch auf.

✔ Chiffre-Anzeigen sind auch in Jobbörsen fast immer kostenpflichtig. Informieren Sie sich vorab über die Preise.

✔ Vergessen Sie nicht, festzulegen, wie lange Ihr Stellengesuch online erscheinen soll.

✔ Kopieren Sie keine Texte aus vorhandenen Textverarbeitungsdokumenten, aus HTML-E-Mails etc. in die Texteingabefelder. Formatierungen werden ebenso wenig umgesetzt wie Umlaute. Nehmen Sie Ihr vorgeschriebenes Stellengesuch als Muster und tippen Sie den Text ab – vergessen Sie aber nicht, das Ganze anschließend gründlich Korrektur zu lesen.

✔ Überprüfen Sie Ihr Stellengesuch in der Anzeigenschau, damit Sie auch nichts vergessen, und speichern Sie Ihr Inserat erst danach.

✔ Anschließend schicken Sie das Inserat ab; in der Regel sollten Sie eine Bestätigung per E-Mail erhalten, dass Ihre Eingaben angekommen sind.

Omnipräsent? Ihre Stellenanzeige bei Suchmaschinen

Suchmaschinen wie Google oder Yahoo! haben eigene Seiten mit Stellenangeboten. Hier erfahren Sie, welche Jobs es bei den Suchmaschinen gibt und werden über Leistungen und Firmenkultur informiert.

Ihr Stellengesuch können Sie hier leider nicht online inserieren. Hier ist wie bei fast allen Jobbörsen Ihr Lebenslauf gefragt. Sie stellen Ihren Lebenslauf online und müssen warten, bis sich der potenzielle Arbeitgeber bei Ihnen meldet.

XING und Co: Passt Ihr Stellengesuch auch hier?

Networking-Plattformen erfreuen sich großer Beliebtheit. Viele dieser Plattformen sind für Nutzer kostenlos. Sie sind auf alle Branchen und Positionen ausgerichtet und bieten ein gutes Kontaktmanagement an. Als Nutzer können Sie gezielt neue Kontakte knüpfen, untereinander kommunizieren und sich in diversen Diskussionsforen austauschen. Der Weg dahin ist einfach und unkompliziert: Sie müssen sich nur registrieren. Dafür brauchen Sie eine E-Mail-Adresse, einen Benutzernamen und ein Passwort. Mehr nicht. Mit Ihrem Benutzernamen und Passwort können Sie sich einloggen. Per E-Mail erhalten Sie Informationen, wer mit Ihnen in Kontakt treten möchte. Sie entscheiden, ob Sie Kontakt aufnehmen oder nicht. Sie merken schon: Diese Networking-Plattformen dienen in erster Linie der Kontaktpflege, nicht unbedingt der Stellensuche. Dennoch sollten Sie auch hier Ihre Chance nutzen, um andere auf sich aufmerksam zu machen. Man weiß ja nie …

In Networking-Plattformen wie zum Beispiel XING können Sie Ihr persönliches Profil anlegen (siehe Abbildung 8.2):

✔ Ihre persönlichen Daten und Kontaktmöglichkeiten wie zum Beispiel Ihre Telefonnummer

✔ Noch mehr Persönliches wie zum Beispiel »Ich suche« einen neuen Job als …, »Ich biete« folgende Qualifikationen, Ihre Interessen/Hobbys, in welchen Organisationen und/oder Verbänden Sie vertreten sind

✔ Ihre Berufserfahrung analog zu Ihrem Lebenslauf in chronologischer Reihenfolge und mit den entsprechenden Schwerpunkten, Ihre Auszeichnungen, der Status Ihrer Beschäftigung

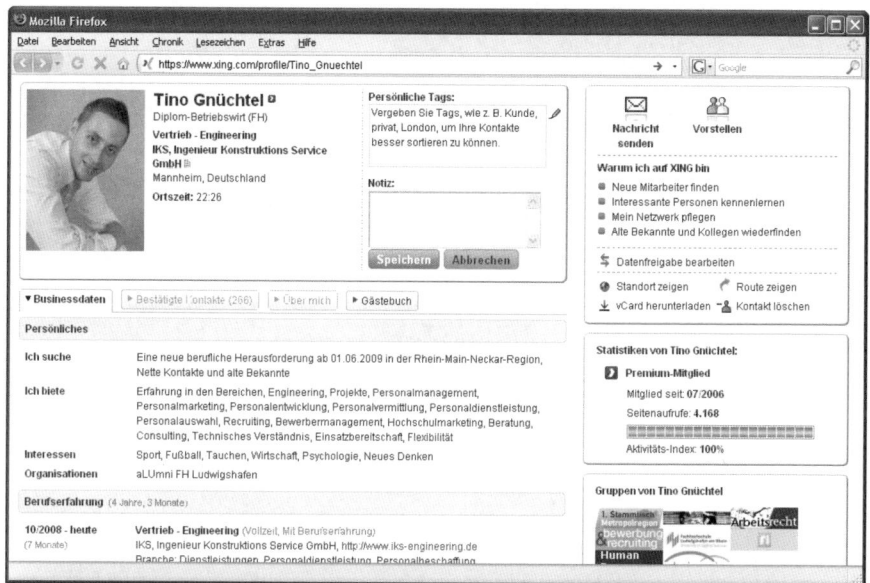

Abbildung 8.2: So professionell können Sie sich in Networking-Plattformen präsentieren.

✔ Ihre Ausbildung analog zu Ihrem Lebenslauf unter Angabe von Hochschulen, besonderen Qualifikationen und Ihrer Sprachkenntnisse

✔ Angaben zu weiteren Profilen von Ihnen im Web

✔ Ihre Kontaktdaten

✔ Ein schönes Foto zur Abrundung Ihres Profils

Wie Sie sehen, haben Sie die Möglichkeit, sich für Ihren potenziellen Arbeitgeber interessant zu machen. Vor allem brauchen Sie sich nicht wie bei Ihrem Stellengesuch auf eine begrenzte Anzahl von Wörtern zu beschränken; hier darf es gern ein wenig mehr sein (siehe Abbildung 8.3). Nehmen Sie sich Zeit, um Ihr Profil in aller Ruhe zu erstellen. Je genauer Sie Ihre beruflichen Qualifikationen angeben, desto besser kann sich ein potenzieller Arbeitgeber ein Bild von Ihnen machen.

Worauf sollten Sie hier besonders achten?

✔ Stellen Sie Ihre beruflichen Kompetenzen in den Vordergrund.

✔ Geizen Sie nicht mit Ihren persönlichen Eigenschaften, übertreiben Sie aber auch nicht.

 Ihr Foto ist entweder ein gutes Bewerbungsbild oder ein anderes seriöses Foto. Urlaubsbilder oder womöglich Fotos, die Sie in kompromittierenden Situationen zeigen, haben hier nichts zu suchen.

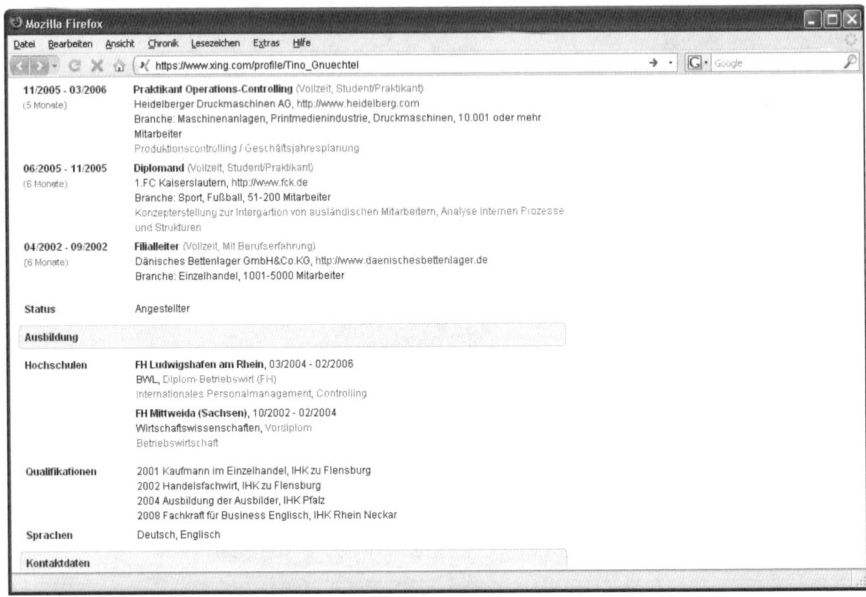

Abbildung 8.3: Hier ist viel Platz für Ihre beruflichen Erfahrungen.

✔ Präsentieren Sie sich sympathisch.

✔ Achten Sie auf Ihre Umgangsformen und vergessen Sie Höflichkeitsfloskeln nicht! Auch hier gilt Knigge bei Kontaktaufnahme mit anderen.

✔ Seien Sie wählerisch, was die Intensivierung Ihrer Kontakte angeht. Die Praxis hat gezeigt, dass Sie durch hohe Kontaktzahlen zwar als sehr beliebt gelten, aber nicht ungedingt eine größere Chance auf einen neuen Job haben.

Es gibt offene Kontaktbörsen wie zum Beispiel:

✔ www.xing.com

✔ www.linkedin.com

und geschlossene Kontaktbörsen, für die es Zugangsbeschränkungen wie Alter, Position, Mitgliedschaften oder Empfehlungen gibt, zum Beispiel:

✔ www.performerscircle.com

✔ www.manager-lounge.com

Wirklich groß sind Ihre Chancen nicht, dass Ihr Wunscharbeitgeber Sie in einer dieser Networking-Plattformen aufspürt Die meisten Personaler haben nicht die Zeit, stundenlang in einem solchen Networking-Portal nach Ihnen zu suchen. Das machen andere für sie: Headhunter.

Solche »Kopfjäger« werden von Unternehmen engagiert, um geeignete Kandidaten für offene Stellen zu finden, und werden auf Erfolgsbasis bezahlt. Headhunter durchsuchen Networking-Plattformen deshalb gezielt nach Kandidaten für ihre Auftraggeber. Von daher lohnt es sich auf jeden Fall, hier sein Profil zu hinterlegen.

Werbung in eigener Sache per Video und via Weblog

Wer kennt sie nicht, die lustigen Werbefilme auf YouTube und ähnlichen Videoportale, in denen sich Menschen auf ihre ganz persönliche Art interessant machen wollen. Arbeiten Sie oder suchen Sie einen Job in einer kreativen Branche? Dann ist Ihre Bewerbung via Film eine gute Möglichkeit, um sich von Ihren Konkurrenten abzuheben. Sie präsentieren sich Ihrem potenziellen Arbeitgeber, ohne selbst anwesend zu sein. Deshalb ist es wichtig, auf ein paar Kleinigkeiten großen Wert zu legen:

✔ Ihr Outfit muss stimmen. Entscheiden Sie sich für berufstypische Kleidung, um optisch einen guten Eindruck zu machen.

✔ Ein gepflegtes Äußeres und saubere Schuhe kommen auch per Video gut an!

✔ Blicken Sie in die Kamera! Ein offener Blick lässt Sie kommunikativ und sympathisch erscheinen. Vermeiden Sie Blicke in Richtung Boden oder desinteressiertes Augenverdrehen zur Decke.

✔ Sprechen Sie klar und deutlich. Ihr potenzieller Arbeitgeber soll Sie schließlich verstehen.

✔ Begrüßen Sie Ihren potenziellen Arbeitgeber und vergessen Sie auch eine freundliche Verabschiedung nicht.

✔ Bleiben Sie authentisch.

 Bitte bedenken Sie, dass Videoportale wie YouTube einen sehr hohen Verbreitungs-grad haben und für die Veröffentlichung von seriösen Bewerbungsvideos denkbar ungeeignet sind. Wenn Sie eine Bewerbung per Video machen möchten, greifen Sie auf konventionelle Veröffentlichungsmittel wie CD/DVD oder die Bereitstellung über Ihre eigene Bewerber-Website (siehe zu Letzterem Kapitel 7) zurück. So können Sie ganz gezielt interessierten Arbeitgebern Ihre Videobewerbung zur Verfügung stellen.

Anstelle Ihres Stellengesuchs schreiben Sie Ihr eigenes Drehbuch:

✔ Legen Sie fest, an welchem Ort oder auch an welchen Orten Sie drehen möchten.

✔ Achten Sie auf die Kulisse und überlegen Sie gut, ob die Örtlichkeit für Ihre Bewerbung geeignet ist.

✔ Ihr Video sollte zwei bis maximal fünf Minuten dauern.

✔ Formulieren Sie Ihren Text. Überlegen Sie, welche fachlichen und persönlichen Kompetenzen Sie mit Ihrer Selbstdarstellung vermitteln wollen.

✔ Verzichten Sie auf langatmige Ausführungen. Bringen Sie Ihre Qualitäten mit wenigen Worten auf den Punkt. Ihr Text muss kurz, informativ und spannend sein. Mit der richtigen abwechslungsreichen Betonung und Fragen erzeugen Sie Spannung.

✔ Lernen Sie Ihren Text auswendig. Sie müssen vor laufender Kamera frei sprechen, um kompetent zu wirken.

Wenn Sie sich bei einer konkreten Firma bewerben, begründen Sie in Ihrem Text, warum Sie sich gerade bei dieser Firma bewerben. Sie haben doch die allseits beliebten Fragen im Ohr, die potenzielle Arbeitgeber beantwortet haben wollen: »Warum bewerben Sie sich bei uns? Warum sollen wir ausgerechnet Sie einstellen?«

Was die Filmqualität angeht, müssen Sie auf die Bildkomposition, die richtigen Lichtverhältnisse und vor allem auch die Tonqualität achten.

Für einen zweiminütigen, professionell aufgemachten Bewerbungsfilm müssen Sie einige Tage einplanen. Ihr Video können Sie auf CD oder besser noch auf DVD brennen, da DVDs eine deutlich größere Speicherkapazität haben.

Vergessen Sie nicht, die CD- oder DVD-Hülle ebenso zu gestalten wie das zugehörige Label. Schließlich wollen Sie rundum einen guten Eindruck machen, wenn Sie Ihre CD oder DVD versenden. Verschicken Sie Ihr Video auf keinen Fall per E-Mail. Die Server Ihrer potenzieller Arbeitgeber danken es Ihnen – falls die Mail nicht ohnehin schlichtweg abgelehnt wird, weil sie zu groß ist.

Wenn Sie ein technischer Laie sind, können Sie unter digitalvideoschnitt.de viele hilfreiche technische Informationen für die Erstellung Ihres Bewerbervideos erhalten. Mithilfe der Suchfunktion finden Sie dort auch Anbieter, die Ihre CD oder DVD nach Ihren Vorstellungen produzieren.

Sie können Ihr Bewerbervideo auch von einer Multimedia-Agentur produzieren lassen. Hier sind Sie in professionellen Händen, müssen aber auch dafür bezahlen: Die Kosten für Ihr Bewerbervideo liegt zwischen einhundert und mehreren Hundert Euro. Dafür brauchen Sie sich aber nur um Ihren Auftritt und Ihren Text zu kümmern – mehr nicht.

Wenn Sie eine eigene Bewerber-Website haben, können Sie Ihr Bewerbungsvideo auch dort präsentieren. Entscheiden Sie selbst, wie Sie vorgehen wollen.

Weblogs sind eine weitere Form der Selbstpräsentation im Internet; bei dem Begriff handelt es sich um eine Zusammensetzung aus Web und Log, auch kurz als Blog bezeichnet. Obwohl Blogs nach wie vor vor allem für private Zwecke benutzt werden (sozusagen als öffentlich einsehbares Tagebuch, zur öffentlichen Darstellung des eigenen Lebens und der eigenen Ansichten), werden sie auch immer häufiger zu beruflichen Zwecken verwendet, als Kommunikationsplattform zur Bereitstellung von Informationen und zum Erfahrungsaustausch. Sie werden bei Ihrem für berufliche Zwecke genutzten Blog aber weder Ihren Lebenslauf preisgeben noch ein Stellengesuch schalten, sondern mit Ihrem Diskussionsforum versuchen, einen potenziellen Arbeitgeber auf sich aufmerksam zu machen.

Bedenken Sie auch hier, dass alles, was Sie in Ihrem Blog oder in anderen Blogs publizieren, der breiten Öffentlichkeit zugänglich ist. Einmal veröffentlichte Beiträge sind zwar auf die eine oder andere Weise löschbar, aber unter anderem aufgrund von Archivierungsbestimmungen und Ähnlichem mittels bestimmter Suchfunktionen über einen langen Zeitraum nach wie vor auffindbar.

Blog-Hoster gibt es inzwischen wie »Sand am Meer«, unter anderem:

✔ www.blog.de

✔ www.myblog.de

Sie müssen sich als Nutzer registrieren und legen dabei Ihr Thema und in der Regel Ihre Blog-URL – vergleichbar mit Ihrer Website-Adresse – selbst fest. Eventuell müssen Sie Ihr Blog mithilfe spezieller Software erstellen; das erfahren Sie alles auf den Seiten des betreffenden Blog-Hosters. Neuere Textverarbeitungsprogramme – wie etwa Word 2007 – verfügen über eine integrierte Blogfunktion, sodass Sie ganz bequem Ihre Blogbeiträge in der Ihnen vertrauten Programmumgebung erstellen und von hier aus zum Blog-Hoster hochladen können.

Was haben Sie in Ihrem Blog Interessantes zu bieten:

✔ Spezialwissen zu beruflichen Themen

✔ Besondere berufliche Erfahrungen (sind Sie zum Beispiel weltweit unterwegs und können über die Mentalität in verschiedenen Ländern berichten)

✔ Sie bieten einer bestimmten Zielgruppe einen konkreten Nutzen (Sie sind zum Beispiel Designer und haben gerade neue Wege kennengelernt, um Ihre Entwürfe an den Mann zu bringen)

✔ Sie setzen sich mit aktuellen beruflichen Trends kritisch auseinander

Halten Sie Ihre Beiträge aktuell. Rechtschreibfehler und falsche Grammatik haben hier ebenso wenig verloren wie Slang. Sie wollen als Autor in einer Fachwelt mit Ihren Beiträgen einen guten Ruf erwerben und so potenzielle Arbeitgeber auf sich aufmerksam machen.

Sie können sich auch bei anderen Weblogs, die Sie interessieren, registrieren, dort Beiträge schreiben beziehungsweise Beiträge kommentieren und somit auf Ihren Namen und Ihr eigenes Weblog aufmerksam machen. Ebenso können alle, die sich für Ihre Beiträge interessieren, sich bei Ihrem Blog registrieren, dort Beiträge platzieren oder bestehende Beiträge kommentieren. Bedenken Sie dabei jedoch, dass Sie auf das, was andere hier schreiben, wenig Einfluss haben.

Überlegen Sie, ob die Kommunikationsform Weblog tatsächlich zu Ihrer Bewerbungsstrategie passt oder nicht. Das ist ganz allein Ihre Entscheidung.

Teil III

Aufbereitung Ihrer schriftlichen Unterlagen

In diesem Teil ...

Sie haben Ihre Vorbereitung abgeschlossen und wissen jetzt, auf welche Stellenangebote Sie sich bewerben wollen. Was machen Sie nun als Nächstes? Sie verfassen Ihren Lebenslauf, stellen Ihre Unterlagen zusammen und formulieren wohlüberlegt Ihr Anschreiben, um Ihren Wunscharbeitgeber so zu beeindrucken, dass er Sie kennenlernen möchte. Wie das geht, erfahren Sie in den nächsten Kapiteln.

So sieht das perfekte Anschreiben aus

9

In diesem Kapitel

▷ Auch Formalitäten wollen beachtet sein

▷ Beeindrucken Sie mit gekonnten Formulierungen

▷ Was Sie keinesfalls vergessen dürfen

*I*hr Anschreiben ist Ihre Visitenkarte. Sie präsentieren in Ihrem Anschreiben Ihre Persönlichkeit und Ihre Fähigkeiten, also nehmen Sie sich Zeit zum Formulieren. Sie wollen schließlich, dass Ihr potenzieller Arbeitgeber Ihre Unterlagen aufmerksam liest und zu dem Schluss kommt, dass er Sie kennenlernen muss.

Einfach und unkompliziert: Das richtige Textverarbeitungsdokument

Verfassen Sie Ihr Anschreiben in einem Textverarbeitungsprogramm wie Microsoft Word. Als Textverarbeitungsdokument können Sie Ihr Anschreiben jederzeit verändern, auf ein neues Stellenangebot anpassen und speichern. Sie haben somit eine Vorlage, das Sie beliebig variieren können. Orientieren Sie sich beim Schreiben an der DIN 5008:

✔ Achten Sie auf die richtigen Seitenränder:

- Links – 2,41 cm

- Rechts – mindestens 0,81 cm – allgemein eingehalten werden 1,5 cm

- Oben – 4,5 cm

- Unten – nach freier Wahl

✔ Wählen Sie gängige Schriftarten wie Arial oder Times New Roman, die auch von anderen Programmen gelesen werden können. Finger weg von irgendwelchen exotischen Schriften. Die kommen im Zweifel als Hieroglyphen bei Ihrem potenziellen Arbeitgeber an.

✔ Der Schriftgrad liegt zwischen 11 und 13, optimal ist die Schriftgröße 12.

✔ Ihr Absender befindet sich im oberen Teil des Anschreibens, beginnend mit der Kopfzeile.

✔ Nach vier bis fünf Leerzeilen folgen die Empfängerangaben.

✔ Nach zwei weiteren Leerzeilen schreiben Sie den Betreff, ohne den Begriff *Betreff*.

✔ Zwei Leerzeilen danach kommt die Anrede.

✔ Nach einer weiteren Leerzeile Ihr Text.

✔ Gliedern Sie Ihren Text übersichtlich mit Absätzen. Schreiben Sie Ihren Text als linksbündigen Flattersatz. Falls Sie Blocksatz bevorzugen, achten Sie darauf, dass zwischen den einzelnen Wörtern nicht unansehnlich große Lücken entstehen; verwenden Sie gegebenenfalls die Silbentrennungsfunktion Ihres Textverarbeitungsprogramms.

✔ Nach Ihrem Text folgt mit einer Leerzeile Abstand Ihre Grußformel.

✔ Unter der Grußformel unterschreiben Sie mit Ihrem Vor- und Nachnamen.

✔ Nach zwei oder drei weiteren Leerzeilen beenden Sie Ihr Anschreiben mit dem Wort _Anlagen_. Verzichten Sie darauf in Ihrem Anschreiben Ihre Anlagen einzeln aufzuführen. Diese Informationen gehören – wenn überhaupt – auf ein Übersichtsblatt vor Ihrem Lebenslauf. Das Wort _Anlagen_ ist vollkommen ausreichend.

 Finger weg von Fett-, Kursivdruck, Unterstreichungen, verschiedenen Schriftfarben und Ähnlichem in Ihrem Anschreiben, außer zur Hervorhebung des Betreffs. Hier ist Schlichtheit angesagt.

Die sind das totale Muss: Briefelemente

Ihr Anschreiben ist ein Brief, achten Sie deshalb darauf, dass Sie alle Briefelemente berücksichtigt haben:

✔ **Briefkopf mit Ihren Absenderangaben** – Vor- und Nachname, Anschrift, Telefonnummer mit Vorwahl und/oder Handynummer und Ihre E-Mail-Adresse

✔ **Die personalisierte Empfängeradresse**

✔ **Ort und Datum** – wo und wann Sie Ihr Anschreiben verfassen

✔ **Der Betreff** – für welche Position Sie sich bewerben

✔ **Die personalisierte Anrede**

✔ **Ihr Text**

✔ **Eine nette Grußformel**

✔ **Ihre Unterschrift mit Vor- und Nachname**

✔ Der Hinweis auf Ihre **Anlagen**

So sieht Ihr Anschreiben dann auf einen Blick aus:

Max Muster   Musterstraße 1   66777 Musterstadt   Mobil: +49(117)411223   max@muster.de

Musterstadt, Datum

Firma xy
Frau/Herrn (Vor- und Nachname oder nur Nachname)
Straße
Postleitzahl Ort

Ihr Stellenangebot xy in web.de vom ... (Datum)

Sehr geehrter/geehrte Herr/Frau (Nachname),

Text
Text
Text

Herzliche Grüße oder Mit freundlichen Grüßen

Unterschrift mit Vor- und Nachnamen

– Anlagen –

Nutzen Sie diese Übersicht, um Ihr Anschreiben auf Vollständigkeit zu überprüfen, bevor Sie es versenden.

Worauf Sie immer achten müssen: Die AIDA-Formel

Die AIDA-Formel sagt Folgendes aus:

✔ Attention (Aufmerksamkeit)

Bereits nach wenigen Worten soll Ihr Wunscharbeitgeber seine Aufmerksamkeit Ihrem Anschreiben und damit Ihnen widmen.

✔ Interest (Interesse)

Wenige Worte müssen ausreichen, damit sich Ihr Wunscharbeitgeber für Sie zu interessieren beginnt.

✔ Desire (Verlangen)

Sie müssen in Ihrem Wunscharbeitgeber das Verlangen wecken, dass er Sie kennenlernen möchte.

✔ Action (Handlung)

Interesse und Neugierde Ihres Wunscharbeitgebers sind so groß, dass er Sie zu einem Vorstellungsgespräch bittet.

Nach dieser Formel soll Ihr Anschreiben aufgebaut sein. Machen Sie sich für Ihren potenziellen Arbeitgeber so interessant, dass er Sie am liebsten sofort kennenlernen möchte. Nehmen Sie zunächst noch einmal Ihre Stellenanalyse und gehen Sie Punkt für Punkt durch, was von Ihnen gefordert wird. Überlegen Sie genau, was Ihr potenzieller Arbeitgeber im Anschreiben von Ihnen wissen will:

✔ Warum Sie sich bewerben.

✔ Welche fachlichen Qualifikationen Sie für die ausgeschriebene Stelle haben.

✔ Ob Sie den in der Stellenanzeige beschriebenen Anforderungen fachlich und persönlich gerecht werden.

✔ Wann Sie Ihre neue Stelle antreten können.

✔ Wie hoch Ihre Gehaltsvorstellungen sind.

Ihr potenzieller Arbeitgeber sucht den optimalen Mitarbeiter für die offene Position. Machen Sie ihm klar, dass Sie das sind.

Nicht nur die Optik zählt: Die inhaltliche Gestaltung

Für Ihr Anschreiben gilt die goldene Regel »In der Kürze liegt die Würze«. Am besten ist ein Anschreiben von einer Seite. Haben Sie wirklich ungewöhnlich Wichtiges mitzuteilen, darf Ihr Anschreiben auch eineinhalb Seiten lang sein. Ansonsten nutzen Sie die sogenannte *Dritte Seite* für Ihre interessanten Informationen; hierzu erfahren Sie Details in Kapitel 11, »Sie haben noch viel mehr zu bieten: Ihre Anlagen«.

Anschreiben à la carte

Sorgfältige Briefkopfgestaltung, korrekte und personalisierte Empfängeradresse, Ort und Datum des Anschreibens sowie die stellenbezogene Betreffzeile sind selbstverständlich. Jetzt gilt es, die passende Anrede zu finden. »Sehr geehrte Damen und Herren« ist heutzutage out. Personalisieren Sie Ihre Anrede so wie in Ihrer Empfängeradresse. Sprechen Sie den Empfänger namentlich an:

✔ Sehr geehrter/geehrte Herr/Frau …,

✔ Guten Tag Herr/Frau …

✔ Wenn Sie keinen konkreten Ansprechpartner ausfindig machen konnten, richten Sie Ihr Anschreiben an den Geschäftsinhaber und dann erst allgemein an die *sehr geehrten Damen und Herren*. Das wirkt persönlicher als die reine allgemeine Ansprache.

Dann kommt der erste Satz Ihres Textes. Mit diesem ersten Satz müssen Sie Ihren potenziellen Arbeitgeber so fesseln, dass er Ihr Anschreiben konzentriert weiterliest. Sie brauchen einen reißerischen Einstieg, der Spannung erzeugt, Interesse weckt und Freundlichkeit vermittelt. Wie wäre es hiermit:

✔ »Ich möchte Sie gerne auf jemanden aufmerksam machen: auf mich, eine engagierte und motivierte Kommunikationswirtin.«

✔ »Sie planen Ihr Team zu verstärken? Ich möchte gerne meinen Teil dazu beitragen!«

✔ »Vielen Dank für das informative Telefonat. Besonders die offene, herzliche Gesprächsatmosphäre und Ihre detaillierten Erläuterungen über Ihr Unternehmen bestärken mich in meinem Wunsch, mein Wissen und meine Erfahrung in Ihrer Organisation einzubringen.«

✔ »Sie suchen einen Marketingexperten, der mit seiner Kreativität und seinem ausgeprägten Vertriebstalent Ihr Team verstärkt. Nach meinem Studium ...«

 Floskeln wie »Ich nehme Bezug auf Ihre Anzeige vom ...« oder »Hiermit bewerbe ich mich um eine Stelle als ...« sind als Einstieg für Ihr Anschreiben das absolute K.-o.-Kriterium.

Im Anschluss an Ihren Auftaktsatz kommt der Hauptteil. Hier stellen Sie kurz und prägnant dar, warum Sie sich bewerben und weshalb ausgerechnet Sie der ideale Kandidat für die offene Position sind. Spätestens jetzt müssen Sie sich auf das Anforderungsprofil der Stellenanzeige beziehen und deutlich machen, welche besonderen Fähigkeiten und Qualifikationen Sie für den neuen Job haben.

 Schreiben Sie keine Formulierungen aus dem Stellenangebot wörtlich ab. Verwenden Sie lieber synonyme Begriffe, die Ihrem potenziellen Arbeitgeber deutlich zeigen, dass Sie wissen, worauf es ankommt, oder kombinieren Sie Formulierungen aus dem Stellenangebot.

Beenden Sie Ihr Anschreiben ebenso eindrucksvoll wie Sie es begonnen haben: mit einem freundlichen, verbindlichen Schlusssatz. Sie dürfen gern Ihre freudige Erwartung über eine Einladung zum Vorstellungsgespräch zum Ausdruck bringen, dann folgt eine nette Grußformel wie zum Beispiel »Herzliche Grüße« und Ihre Unterschrift mit Vor- und Nachnamen. Das kann zum Beispiel so aussehen:

✔ Habe ich Ihr Interesse geweckt? Dann freue ich mich über Ihre Einladung zu einem persönlichen Gespräch. Für heute verbleibe ich mit freundlichen Grüßen

✔ Gerne würde ich meine weiteren Fähigkeiten mit Ihren Vorstellungen in einem persönlichen Gespräch abgleichen. Ich freue mich auf Ihre Einladung. Herzliche Grüße

Vergessen Sie im Anschluss nicht den Hinweis auf Ihre *Anlagen* und wenn Sie möchten, dürfen Sie gerne auch ein individuelles *Postskriptum* hinzufügen. Das klingt für Sie nun im ersten

Moment merkwürdig, ist aber inzwischen gar nicht mehr so unüblich. Sie können in diesem Nachsatz zum Beispiel Folgendes schreiben:

✔ PS: Unter www.andrea.schimbeno.de finden Sie weitere interessante Informationen über mich.

Oder etwas ausgefallener:

✔ PS: Ich bin zwar Optimist, aber für den Fall, dass Sie sich für einen anderen Bewerber entscheiden, verzichte ich bewusst auf die Rücksendung meiner Unterlagen, um Ihnen Kosten und Arbeit zu ersparen. Darf ich davon ausgehen, dass Sie meine Unterlagen vernichten? Besten Dank!

Sicher ist ein solcher Zusatz Geschmacksache. Aber wer hindert Sie daran, die Wirkungsweise eines solchen PS einmal zu testen?

Was keinesfalls passieren darf

Ihr Anschreiben ist weder eine Kopie Ihres Lebenslaufs noch können Sie es absolute passgenau auf ein Stellenangebot anpassen. Dass Sie die Anforderungen Ihres potenziellen Arbeitgebers zu 100 Prozent erfüllen, ist eine utopische Vorstellung. Ihr neuer Arbeitgeber ist völlig zufrieden, wenn er erkennt, dass Sie seinen Vorstellungen zu zwei Dritteln entsprechen. Also gestalten Sie Ihr Anschreiben so individuell wie möglich und verwenden Sie keine Phrasen wie zum Beispiel:

✔ Konflikte begreife ich als Chance, um mich weiter zu entwickeln.

Meinen Sie Ihr neuer Arbeitgeber hat ständig Lust, mit Ihnen zu streiten?

✔ Ich sehe meine berufliche Zukunft in Ihrem Unternehmen.

Und welche beruflichen Fähigkeiten bieten Sie dem Unternehmen, damit es Ihnen eine Chance auf eine berufliche Zukunft gibt?

Jeder potenzielle Arbeitgeber weiß, dass ein Bewerber ebenso konkrete Vorstellungen an seinen neuen Job hat wie umgekehrt. Ein Abgleich dieser Vorstellungen kann in aller Ruhe in einem Vorstellungsgespräch erfolgen. Im Anschreiben aber muss Ihr neuer Arbeitgeber erkennen, welchen Nutzen er von Ihnen hat. Also stellen Sie Ihre Wünsche und Bedürfnisse erst einmal in den Hintergrund und zeigen Sie ihm, was Sie zu bieten haben!

Wann können Sie starten? Der Eintrittstermin

Natürlich ist Ihr neuer Arbeitgeber daran interessiert, dass Sie so schnell wie möglich bei ihm zu arbeiten anfangen. Und Sie sind genauso heiß auf Ihren neuen Job! Wenn Sie arbeitslos sind, haben Sie hier und jetzt einen klaren Vorteil: Sie können sofort in Ihrem neuen Job starten. Stehen Sie noch in einem festen Beschäftigungsverhältnis, müssen Sie erst einmal Ihren bestehenden Vertrag checken und Ihre Kündigungsfrist prüfen, bevor Sie Ihrem neuen Arbeitgeber ein Datum mitteilen.

✔ Falls Sie bei Ihrem jetzigen Arbeitsverhältnis in der Probezeit sind, können Sie jederzeit ohne Angabe von Gründen Ihr Arbeitsverhältnis fristlos kündigen. Sie müssen nicht zu sagen, dass Sie einen anderen Job gefunden haben!

 Umgekehrt kann Ihnen in der Probezeit, die gesetzlich bei mindestens einem Monat liegt und maximal bis zu sechs Monaten dauern kann, Ihr Arbeitgeber ebenfalls jederzeit fristlos kündigen. Wenn es einem Betriebsrat gibt, muss Ihr Arbeitgeber diesen über die Kündigung informieren und sie auch begründen. Macht er es nicht, ist die Kündigung für Sie gegenstandlos. Gibt es keinen Betriebsrat oder Personalrat, vor dem sich Ihr Arbeitgeber rechtfertigen und die Kündigungsgründe darlegen muss, muss er Ihnen nicht sagen, warum er Sie entlässt.

✔ Wenn Ihr Arbeitgeber an einen Tarifvertrag gebunden ist, sind die darin gültigen Probezeiten und Kündigungsregelungen enthalten. Sie bekommen den Tarifvertrag mit Ihren Einstellungsunterlagen. Machen Sie sich die Mühe, die in dem Tarifvertrag geregelten Positionen Probezeit und Kündigung mit Ihrem Arbeitsvertrag abzugleichen, damit Sie sicher sein können, dass hier alles seine Richtigkeit hat.

✔ Bei einem normalen Arbeitsverhältnis außerhalb der Probezeit gilt die gesetzliche Kündigungsfrist, die besagt, dass Sie sechs Wochen vor Quartalsende kündigen müssen. Wollen Sie zum Beispiel zum 30.06. kündigen, dann müssen Sie dies spätestens am 15. Mai tun!

✔ Neben der gesetzlichen Kündigungsfrist hat Ihr Arbeitgeber auch die Möglichkeit, individuelle Kündigungsfristen mit Ihnen zu vereinbaren und dies in Ihrem Arbeitsvertrag festzuhalten. Haben Sie Ihren Arbeitsvertrag unterschrieben, müssen Sie sich auch an diese längeren Kündigungsfristen halten.

Natürlich gibt es immer die Möglichkeit, mit einem Aufhebungsvertrag ein bestehendes Arbeitsverhältnis aufzulösen. Die Voraussetzung hierfür ist, dass Ihr Noch-Arbeitgeber ebenso mit einem Aufhebungsvertrag einverstanden ist wie Sie.

 Achten Sie darauf, dass Ihr Aufhebungsvertrag einen Passus enthält, der besagt, *dass sämtliche bestehende und zukünftige Ansprüche aus Ihrem Arbeitsvertrag mit diesem Aufhebungsvertrag abgegolten sind.* Sonst kann es Ihnen ganz schnell passieren, dass Ihr alter Arbeitgeber noch nach Monaten irgendwelche Arbeitsleistungen von Ihnen fordert!

Wie teuer sind Sie? Ihre Gehaltsvorstellungen

Sie wollen sich weder zu billig, noch zu teuer verkaufen, sondern die goldene Mitte treffen. Informieren Sie sich vorab über die üblichen Jahresgehälter, die in Ihrem Beruf gezahlt werden. Das geht ganz einfach im Internet, denn fast bei jeder Jobbörse gibt es auf den Karriereseiten tolle Gehaltsübersichten:

✔ Unter stellenmarkt.sueddeutsche.de finden Sie einen *Ratgeber Bewerbung*, der Ihnen mit seinen Informationen zu Gehältern einen Überblick über die Einkommensmöglichkeiten nach Berufen und Branchen gibt.

✔ Ebenso gibt Ihnen das *Karriere-Journal* von monster.de viele Tipps rund ums Thema Geld und Gehalt.

✔ Ein weiteres Beispiel findet sich unter stepstone.de, auf deren Site Sie sich im entsprechenden Bereich zu diesem Thema schlaumachen können (siehe Abbildung 9.1).

Abbildung 9.1: Was sollten Sie Ihrem Arbeitgeber wert sein?

 Machen Sie in Ihrem Anschreiben keine Angaben zu Ihren Gehaltsvorstellungen, auch wenn diese in der Stellenausschreibung gefordert sind. Warum wohl? Nun, aus guten Gründen: Sie geben Ihrem potenziellen Arbeitgeber so die Chance, Sie anzurufen, um Ihre Gehaltsvorstellungen zu erfragen. Jetzt können Sie Farbe bekennen und Ihren Gehaltswunsch nennen oder aber sagen: »Meine Gehaltsvorstellung ist auch davon abhängig, welche Zusatzleistungen Sie anbieten, wie zum Beispiel Altersvorsorgemöglichkeiten. Wäre es nicht interessanter, unsere Vorstellungen in einem Vorstellungsgespräch abzugleichen?« Wer kann Ihnen bei einer solchen Frage schon widerstehen!

So vermeiden Sie, dass Ihre Bewerbung wegen überzogener Gehaltsvorstellungen auf dem Absagestapel landet und Sie keine Chance für ein persönliches Gespräch erhalten.

Werden Sie zu einem Vorstellungsgespräch geladen, wissen Sie ganz genau, dass Sie spätestens jetzt konkrete Angaben machen müssen, und können sich nochmals intensiv auf Ihre Antwort vorbereiten.

Bevor Sie nun anfangen, Ihren Lebenslauf zu schreiben, werfen Sie unbedingt noch einen letzten Blick auf Ihr Anschreiben!

Nehmen Sie die Stellenanzeige der Sitare AG aus Kapitel 3, »So werten Sie Stellenangebote aus«:

Musteranzeige

Sitare AG

Wir, die Sitare AG, sind ein internationales Gewerbeimmobilienunternehmen mit Sitz in Deutschland, Argentinien, Spanien und Italien. Unsere Tätigkeitsfelder liegen in der Bürovermietung, Retail Services, Consult & Valuation sowie Projekt-Management. Unsere Kunden schätzen besonders unsere flexible und problemlösungsorientierte Vorgehensweise.

Für unseren Zentralbereich Kommunikation in Stuttgart suchen wir ab sofort eine engagierte

Assistenz Kommunikation (m/w)

Sie wissen, worauf es uns ankommt

Sie arbeiten intensiv an der Gestaltung unserer Corporate Design-Richtlinien (Geschäftsausstattung, Anzeigen etc.) mit, koordinieren die Anzeigenschaltung und sind verantwortlich für die Zusammenarbeit mit den Werbeagenturen. Sie erstellen und überarbeiten PowerPoint-Präsentationen und unterstützen uns bei der Text- und Bildredaktion unterschiedlicher Publikationen. Sie organisieren eigenverantwortlich Messeausstellungen.

Sie wissen, was Sie können

Wir freuen uns auf eine aufgeschlossene kommunikationsstarke Assistenz (m/w) mit abgeschlossenem Studium und erster Berufserfahrung. Sie passen in unser Team, wenn Sie Organisationstalent, strukturierte Arbeitsformen, Eigeninitiative und Selbstständigkeit mitbringen. Der sichere Umgang mit MS-Office ist unerlässlich. Sie sprechen gut Englisch und gerne eine weitere Fremdsprache.

Wir wissen, was wir an Ihnen haben

Wir bieten Ihnen eine interessante Tätigkeit in einem international geprägten Umfeld. Selbstverständlich arbeiten wir Sie sorgfältig in Ihr Aufgabengebiet ein.

Wir freuen uns auf Ihre aussagekräftigen Bewerbungsunterlagen unter Angabe Ihrer Gehaltsvorstellung an:

Sitare AG
Fabian Derro de Silva
Sita-Platz 2
70111 Stuttgart
www.sitareag.com

Wie könnte Ihr Anschreiben jetzt aussehen? Vielleicht so:

Max Mustermann Musterstraße 1 66777 Musterstadt Mobil: +49(117)411223 max@mustermann.de

Sitare AG

Herrn Fabian Derro de Silva

Sita-Platz 2

70111 Stuttgart

Musterstadt, 04. September 2009

Ihr Inserat bei monster.de vom 29. August 2009 Assistenz Kommunikation (m/w)

Sehr geehrter Herr Derro de Silva,

Sie suchen ein kommunikationsstarkes Organisationstalent zur Verstärkung Ihres Teams. Nach Abschluss meines Studiums habe ich die letzten beiden Jahre als Marketing- und Vertriebsassistent für ein internationales Mietserviceunternehmen in der Automobilbranche gearbeitet.

Selbstständiges, zielgerichtetes Arbeiten ist für mich selbstverständlich. Durch meine freundliche und offene Kommunikation motiviere ich andere Menschen und begeistere sie für das Erreichen gemeinsamer Ziele. MS-Office beherrsche ich ebenso wie die englische und deutsche Sprache.

Gerne überzeuge ich Sie in einem persönlichen Gespräch von meinen Potenzialen. Ich freue mich auf Ihre Antwort.

Mit freundlichen Grüßen

Max Mustermann

– Anlagen –

Stimmen die Anforderungen des Stellenangebots mit Ihrem Können überein, so wie Sie es in Ihrem Anschreiben formuliert haben? Überprüfen Sie Ihr Anschreiben schrittweise:

Ist Ihr Anschreiben formal korrekt?

✔ Ihre Anschrift ist vollständig mit Handynummer und E-Mail-Adresse.

✔ Die Empfängerangaben sind korrekt und personalisiert.

✔ Ort und Datum sind im Anschreiben genannt.

✔ Die Betreffzeile enthält alle konkreten Stellenangaben.

✔ Ihre personalisierte Anrede ist perfekt.

✔ Ihr Text ist prägnant.

✔ Ihr Schlusssatz ist verbindlich.

✔ Sie verwenden eine freundliche Abschiedsfloskel.

✔ Sie haben mit Vor- und Nachnamen unterschrieben.

✔ Sie verweisen auf Ihre Anlagen.

Und jetzt gleichen Sie die Aussagen in Ihrem Anschreiben mit den Anforderungen im Stellenangebot ab:

✔ Mit Ihrem Einleitungssatz *Sie suchen ein kommunikationsstarkes Organisationstalent zur Verstärkung Ihres Teams* beweisen Sie, dass Sie die Hauptanforderungen der Stellenanzeige, die unter *Sie wissen, was Sie können* erfasst haben und somit wissen, worauf es in diesem Job ankommt.

✔ Der nächste Satz klärt Ihren potenziellen Arbeitgeber dahingehend auf, dass Sie ein Studium abgeschlossen und welche Berufserfahrung Sie im Anschluss gesammelt haben. Wie erfolgreich Sie Ihr Studium absolviert haben, verraten Sie ihm nicht, sodass er Ihren Lebenslauf studieren muss. Ihre Funktion als Marketing- und Vertriebsassistent zeigt ihm, dass Sie die Anforderungen an den Beruf einer Assistenz bereits kennen. Das sind weitere Pluspunkte auf Ihrem Bewerberkonto!

✔ Im nächsten Absatz verwenden Sie ganze drei Sätze, mit denen Sie Ihrem potenziellen Arbeitgeber klarmachen, dass Sie die von ihm gestellten Anforderungen wie unter *Sie wissen, was Sie können* beschrieben vollständig erfüllen.

✔ Mit dem verbindlichen Schlusssatz, dass Sie Ihren potenziellen Arbeitgeber gerne von Ihren *Potenzialen in einem persönlichen Gespräch überzeugen*, unterstreichen Sie, dass Sie wissen, was Sie können. Sie machen sich für Ihren potenziellen Arbeitgeber nteressant!

✔ Und dann verabschieden Sie sich freundlich korrekt in Erwartung seiner Antwort.

Sie müssen nicht Wort für Wort auf die Anforderungen und Wünsche, die Ihr potenziellen Arbeitgeber in seiner Stellenanzeige formuliert, eingehen. Dass Sie zum Beispiel weder Ihre PowerPoint-Kenntnisse explizit ansprechen oder Ihre fehlenden weiteren Fremdsprachenkenntnisse erwähnen, fällt gar nicht auf.

 Wichtig ist, dass Sie die Kernaussagen und damit die Hauptanforderungen aus der Stellenanzeige erkennen und sich in Ihrem Anschreiben darauf beziehen. Ihre Stellenanalyse ist dafür optimal geeignet!

Sofern Sie vorab ein Telefonat mit Ihrem potenziellen Arbeitgeber geführt haben, könnten Sie Ihr Anschreiben so formulieren:

Max Mustermann
Musterstraße 11
10110 Musterstadt
Phone (49)122 3345 667
max@mustermann.de

Sitare AG

Herrn Fabian Derro de Silva

Sita-Platz 2

70111 Stuttgart

Musterstadt, 04.09.2009

Ihr Inserat bei monster.de vom 29. August 2009
»Assistenz Kommunikation (m/w)«

Sehr geehrter Herr Derro de Silva,

unser Telefonat hat mich weiter darin bestärkt, Ihnen meine Bewerbungsunterlagen zu senden. Vielen Dank für die Zeit, die Sie sich für unser Gespräch genommen haben.

Hier nochmals kurz meine beruflichen und persönlichen Daten:

Ich bin 35 Jahre alt, habe Marketing studiert und die letzten beiden Jahre als Marketing- und Vertriebsassistent für ein internationales Mietserviceunternehmen in der Automobilbranche gearbeitet.

Im Rahmen meiner beruflichen Entwicklung suche ich eine neue Herausforderung, in die ich mein Vertriebstalent ebenso wie meine fundierten Marketingkenntnisse einbringen kann. Selbstständiges, zielgerichtetes Arbeiten ist für mich selbstverständlich. Durch meine freundliche und offene Kommunikation motiviere ich andere Menschen und begeistere sie für das Erreichen gemeinsamer Ziele. MS-Office beherrsche ich ebenso wie die englische und deutsche Sprache.

Da ich derzeit in einem ungekündigten Arbeitsverhältnis stehe, ist mein Eintritt in Ihrem Unternehmen zum 01.01.2010 möglich.

Meine Gehaltsvorstellungen belaufen sich auf etwa 40-45 TEUR p. a.

Gerne überzeuge ich Sie in einem persönlichen Gespräch von meinen Potenzialen. Ich freue mich auf Ihre Antwort.

Mit freundlichen Grüßen

Max Mustermann

PS: Unter www.max-mustermann.de erfahren Sie noch mehr über mich.

– Anlagen –

 Wenn Sie möchten, können Sie Ihr Anschreiben noch individueller gestalten:

M A X   M U S T E R M A N N

Musterstraße 11, 10110 Musterstadt, Phone +49122 3345 667, max@mustermann.de

Sitare AG
Herrn Fabian Derro de Silva
Sita-Platz 2
70111 Stuttgart

Musterstadt, 04. September 2009

Meine Bewerbung auf Ihr Inserat bei monster.de vom 29. August 2009
als Assistenz Kommunikation (m/w)

Sehr geehrter Herr Derro de Silva,

Sie planen Ihr Team zu verstärken. Ich möchte gerne meinen persönlichen Beitrag dazu leisten.

Nach Abschluss meines Studiums habe ich die letzten beiden Jahre als Marketing- und Vertriebsassistent für ein internationales Mietserviceunternehmen in der Automobilbranche gearbeitet. Meine soliden Kenntnisse im Assistenz- und Marketingbereich wende ich mit großer Einsatzfreude an.

In meinem bisherigen Arbeitsleben werden meine Kommunikationsstärke, selbstständiges zielgerichtetes Arbeiten, Zuverlässigkeit, Belastbarkeit und eine ausgeprägte Kundenorientierung sehr geschätzt. MS-Office beherrsche ich ebenso wie die englische und deutsche Sprache.

Sie möchten mehr über mich erfahren? Dann laden Sie mich zu einem persönlichen Gespräch ein.

Mit freundlichen Grüßen

Max Mustermann

– Anlagen –

PS: Sollten Sie sich für einen anderen Bewerber entscheiden, verzichte ich auf die Rücksendung meiner Bewerbungsunterlagen, um Ihnen Kosten und Mühe zu ersparen. Darf ich davon ausgehen, dass Sie meine Unterlagen dann vernichten? Vielen Dank!

Sie haben die AIDA-Formel in Ihrem Anschreiben perfekt umgesetzt.

Der letzte Akt: Ihr Anschreiben-Check

Sie haben sich viel Zeit genommen, um Ihr Anschreiben zu formulieren. Sie wissen ganz genau, was Sie geschrieben haben. Selbst wenn Sie Ihr Anschreiben noch zehn Mal lesen, übersehen Sie Rechtschreib- und Grammatikfehler! Weil Sie nämlich lesen, was Sie in Ihrem Kopf formuliert haben ... unabhängig davon, ob es auf dem Papier steht oder nicht! Nutzen Sie die Vorteile Ihres Textverarbeitungsprogramms:

✔ In Word aktivieren Sie diese Funktion beispielsweise durch einen einfachen Klick auf die mit ABC bezeichnete Schaltfläche in der Standardsymbolleiste beziehungsweise durch Wählen des Menübefehls EXTRAS|RECHTSCHREIBUNG UND GRAMMATIK.

Word überprüft Ihr Anschreiben und macht für Wörter, die ihm nicht bekannt sind, Änderungsvorschläge, die Sie annehmen oder auch ignorieren können.

 Auch die Rechtschreib- und Grammatikprüfung Ihres Textverarbeitungsprogramms ist sicher nicht unfehlbar. Das Programm kann nur anhand der Wörter, die in seinem internen Wörterbuch gespeichert sind, die Prüfung durchführen. Sehen Sie sich deshalb die vom Programm als falsch geschrieben markierten Wörter genau an und entscheiden Sie gegebenenfalls anhand eines aktuellen Rechtschreiblexikons über die korrekte Schreibweise.

Haben Sie alle Fehler korrigiert? Dann drucken Sie Ihr Anschreiben aus und unterschreiben es mit einem nicht schmierenden Füller oder Kugelschreiber, damit Sie es einscannen und Ihrem potenziellen Arbeitgeber online schicken können. (Zum Thema Scannen Ihrer Unterlagen finden Sie Details in Kapitel 4, »So verschicken Sie Ihre Unterlagen online«.)

Das ist Ihr Lebenslauf

In diesem Kapitel

▶ Klassisch oder modern: Sie haben die Wahl

▶ Lückenlos zum Erfolg?

▶ Wie anpassungsfähig ist Ihr Lebenslauf

*K*ennen Sie Ihren Lebenslauf wirklich ganz genau? Sie können also wie aus der Pistole geschossen jetzt sofort alle Ihre persönlichen und beruflichen Stationen in der zeitlich richtigen Reihenfolge nennen. Nein? Dann wird es Zeit, dass Sie sich mit Ihrem Lebenslauf beschäftigen. Wichtig ist, dass Sie erst einmal alles aufschreiben, was Sie bislang gemacht haben. So bekommen Sie einen guten Überblick und können Ihren Lebenslauf – falls erforderlich – individuell bei Ihrer Bewerbung anpassen.

Aufbau des Lebenslaufs

Ein Lebenslauf beginnt mit der Überschrift *Lebenslauf* oder *Curriculum Vitae* und enthält grundsätzlich immer die nachfolgenden Elemente:

✔ Persönliche Daten

✔ Schulbildung

✔ Bundeswehr/Zivildienst

✔ Berufsausbildung

 und/oder

✔ Studium

✔ Praktika

 und/oder

✔ Berufserfahrung

✔ Sprachkenntnisse

✔ Sonstige Kenntnisse (PC, Führerschein etc.)

✔ Ort, Datum und Unterschrift mit Vor- und Nachname

Zu Ihren *persönlichen Daten* gehört:

✔ Ihr Vor- und Zuname, bei mehreren Vornamen wird der Rufname unterstrichen

✔ Ihr Beruf mit der genauen Bezeichnung

✔ Ihr Geburtsdatum und -ort

✔ Ihre vollständige Anschrift mit Telefon-, Handy- und eventuell Faxnummer

✔ Ihre Religionszugehörigkeit, sofern Sie sich bei einer entsprechenden Einrichtung wie zum Beispiel der Kirche bewerben

✔ Ihre Staatsangehörigkeit, wenn Sie entweder kein Deutscher sind oder Ihr Name so klingt, als wären Sie ausländischer Herkunft

 Als erwachsener Bewerber verzichten Sie auf Namen und Beruf Ihrer Eltern.

Was ist mit Ihren _Hobbys_ und sonstigen Interessen? Die können Sie angeben, wenn Sie das wollen. Wenn Sie hier keine Angaben machen, dürfen Sie sicher sein, dass Sie spätestens im Vorstellungsgespräch danach gefragt werden. Wie sieht dann Ihre Antwort aus? Überlegen Sie:

✔ Sicher sieht Ihr neuer Arbeitgeber gerne, dass Sie sich sozial oder kulturell engagieren. Sprechen Sie darüber.

✔ Haben Sie ein Hobby, das Ihr Berufsbild ergänzt? Spielen Sie zum Beispiel gerne Gesellschaftsspiele und bewerben sich als Erzieherin? Dann erzählen Sie Ihrem potenziellen Arbeitgeber, wie gut sich Ihre Arbeit mit Ihren Freizeitaktivitäten verbinden lässt.

✔ Treiben Sie in Ihrer Freizeit gerne Sport? Schön, dann ist das doch ein guter Ausgleich zu Ihrem Job.

 Sofern Sie eine gefährliche Sportart betreiben, in der das Verletzungsrisiko relativ hoch ist, überlegen Sie sich genau, ob und wie ausschweifend Sie Ihren potenziellen Arbeitgeber informieren. Möglicherweise befürchtet er, dass Sie wegen Ihres Hobbys öfter ausfallen können.

Entscheiden Sie, ob Sie Ihre Hobbys in Ihrem Lebenslauf erwähnen.

Was Ihre _Schulzeit_ angeht, so können Sie diese Zeiten umso komprimierter angeben, je länger sie zurückliegen. Falls Sie einige Ehrenrunden gedreht haben und Ihre Schulzeit so etwas länger gedauert hat, verzichten Sie auf Erklärungen – es sei denn, Sie sind gerade Schulabgänger und jetzt auf Ausbildungsplatzsuche. Die glatten Jahresangaben Ihrer Schulausbildung reichen vollkommen aus.

Dass Sie in Ihrer Kindheit häufiger die Grundschulen gewechselt haben, weil Ihre Eltern mehrfach umgezogen sind, ist für Ihre aktuelle Bewerbungssituation unbedeutend. Sie können auf diese Angaben in Ihrem Lebenslauf daher verzichten oder sich auf die Angabe der zuletzt besuchten Grundschule beschränken.

Haben Sie dagegen von einer Realschule auf ein Gymnasium gewechselt, womöglich mit einer gymnasialen Fachrichtung wie zum Beispiel humanistisch oder naturwissenschaftlich, sind diese Angaben für Ihren Lebenslauf wichtig. Das Gleiche gilt für Angaben zum zweiten Bildungsweg oder einem Abendgymnasium, da Sie bereits an dieser Stelle Ihre besondere Lern- und Leistungsmotivation zum Ausdruck bringen.

Als Fach- und/oder Hochschulabsolvent geben Sie die Fachhochschule beziehungsweise Universität mit Ort, Ihren Studienfächern (mit Studienschwerpunkten) und Ihre Abschlüsse differenziert an. Das Thema Ihrer Abschlussarbeit und/oder Dissertation führen Sie ebenfalls auf. Die Noten für diese Arbeiten können Sie gerne angeben, allerdings nur, wenn der Abschluss nicht länger als sechs Jahre zurückliegt.

Haben Sie keinen Hochschulabschluss, nennen Sie dennoch alle relevanten Daten bis auf den fehlenden Abschluss. Ersparen Sie sich hier jegliche Ehrenerklärungen. Sofern Sie in Ihrem Vorstellungsgespräch danach gefragt werden, können Sie immer noch erklären, warum Sie keinen Abschluss gemacht haben.

Haben Sie eine *Berufsausbildung* absolviert, nennen Sie Ihr Ausbildungsfach, den Ausbildungsbetrieb und die Dauer Ihrer Berufsausbildung. Wenn Sie wollen, können Sie Ihre Abschlussnote mit angeben, Sie müssen es aber nicht. Die Ausbildungsdauer geben Sie mit Monat und Jahr an, außer Ihre Berufsausbildung liegt bereits mehrere Jahre zurück, dann reichen die Jahresangaben vollkommen.

Auch *Wehr-/Zivildienst und freiwilliges soziales Jahr* sind von Bedeutung: Beschreiben Sie, in welcher Einrichtung Sie Ihren Wehr-/Zivildienst oder Ihr freiwilliges soziales Jahr absolviert haben, mit Monats- und Jahresangaben. Sie können diese Angabe nutzen, um Ihrem potenziellen Arbeitgeber zu verdeutlichen, dass Sie bestimmte Erfahrungen gesammelt und eine persönliche Entwicklung vollzogen haben.

Ihre *Berufstätigkeit* ist von zentraler Bedeutung für Ihren potenziellen Arbeitgeber, weil er hieran Ihre berufliche Kompetenz erkennen kann. Sie können Ihre Arbeitgeber aufführen und Ihre ausgeübte Position inklusive besonderer Aufgabenstellungen und Verantwortlichkeiten beschreiben. Denken Sie daran, dass die aktuellen Daten für Ihren Wunscharbeitgeber am interessantesten sind. Ihre Angaben zu Aufgabenstellungen und Verantwortlichkeiten dürfen daher hier gern ausführlicher sein als bei Ihren ehemaligen Arbeitgebern.

Ebenso interessant ist Ihre *berufliche/außerberufliche Weiterbildung*: Führen Sie alle Ihre beruflichen und sonstige Maßnahmen, die Ihre Kenntnisse und Fähigkeiten im Hinblick auf Ihren Beruf ergänzen, auf. Von der klassischen Weiterbildung durch Ihren Arbeitgeber bis hin zu Ihren privaten Fortbildungsaktivitäten geben diese Informationen Ihrem potenziellen Arbeitgeber Aufschluss über Ihre Lerninitiative und Ihre Motivation. Die Angaben sind unter Nennung der Jahreszahl ausreichend.

Besondere Kenntnisse haben Sie eine ganze Menge. Nutzen Sie diese Möglichkeit, um Ihren potenziellen Arbeitgeber auf konkrete, für Ihre Bewerbung wichtige Qualifikationen hinzuweisen, zum Beispiel:

✔ Sprachkenntnisse

✔ EDV-Kenntnisse

✔ Ausbildereignungsprüfung

✔ Führerschein

Was auf keinen Fall am Ende Ihres Lebenslaufs fehlen darf, sind Ort, Datum und Ihre Unterschrift mit Vor- und Nachname. Ihr Lebenslauf ist ein Dokument. Sie dokumentieren mit diesen Angaben, dass Ihr Lebenslauf aktuell ist und Sie ihn selbst geschrieben haben.

Von der Pike auf: Der klassische Lebenslauf

Der klassische Lebenslauf beginnt mit Ihren persönlichen Daten und listet mit der Schulzeit beginnend chronologisch Ihre verschiedenen Tätigkeiten auf. Das sieht zum Beispiel so aus:

Lebenslauf

Zur Person
Susanne Meissner
geboren am 16.12.1980 in Konstanz
verheiratet, keine Kinder, ortsungebunden

SCHULISCHER WERDEGANG

09/1987–07/1997	Grund- und Realschule Konstanz
07/1997	Realschulabschluss, Note gut

AUSBILDUNG

09/1997–11/2000	Ausbildung zur Rechtsanwaltsgehilfin
	Kanzlei May & Partner, Konstanz

BERUFLICHER WERDEGANG

12/2000–01/2005	Rechtsanwaltsgehilfin, Kanzlei May & Partner, Konstanz
02/2005–06/2008	Umschulung zur Bürokauffrau
	Firma Meier Bürokommunikation, Berlin
Seit 07/2008	Bürokauffrau, Firma Hanss & Sohn, Konstanz
	Rechnungsbearbeitung
	Allgemeine Sekretariatsaufgaben
	Vorbereitende Buchhaltung

AUS- UND FORTBILDUNG

05/2001–08/2001	Berufsbegleitende Qualifizierungsmaß- nahme »Office-Schulung«, Abendakademie, Konstanz
10/2002–12/2002	Schulung: »Buchhaltung im Überblick«, Abendakademie, Konstanz

KENNTNISSE

EDV-Kenntnisse	MS-Office, SAP, Lexware
Sprachkenntnisse	Englisch in Wort und Schrift

HOBBYS
Hockey, Tennis, Lesen

Konstanz, 08.08.2009
Susanne Meissner

Wenn Ihnen diese klassische Form zu konservativ ist, probieren Sie doch den amerikanischen Lebenslauf.

Aktualität ist gefragt: Die amerikanische Variante

 Dieser Lebenslauf startet nach Ihren persönlichen Daten hier und jetzt, mit dem, was Sie gerade beruflich oder ausbildungstechnisch machen. Im Anschluss werden auch hier Ihre Tätigkeiten und Erfahrungen wieder chronologisch aufgelistet, nur eben rückwärts. Das kann zum Beispiel so wie auf der nächsten Seite aussehen.

 Wichtig ist, dass Sie die richtige zeitliche Reihenfolge einhalten. Prüfen Sie Ihren Lebenslauf am Ende noch einmal in aller Ruhe, damit alle Jahresangaben korrekt sind.

Für welche Variante – ob nun klassisch oder amerikanisch – Sie sich entscheiden, bleibt Ihnen überlassen.

CURRICULUM VITAE	Jochen Braun

Persönliches

Anschrift	Bgm.-Woll-Straße 18, 67114 Wollhausen
Telefon	04331 77 6543 / 0174 3388978
Geburtsdatum, Familienstand	01.03.1983 in Ulm; ledig

Studium und Schulbildung

Seit 10/2005	**Universität Karlsruhe**
	Studium der Betriebswirtschaftslehre
	Vordiplom: Note 2,3
	Aktueller Notenschnitt im Hauptstudium: 1,7
	Schwerpunkte: Finanzierung, Internationales Management

Praktika

01/2008–03/2008	**Verwaltungs-GmbH, Biblis**
	Mitarbeit im operativen Tagesgeschäft;
	Teilnahme an Konferenzen der CFO mit internationalen Analysten;
	Mitarbeit bei der Erstellung des Geschäftsberichtes;
	Eigenverantwortliche Erstellung von Präsentationen und Analysereports
04/2007–07/2007	**Südpfalzwerke, Ettlingen**
	Tätigkeiten in der Finanzbuchhaltung;
	Mitwirkung bei der Due Dilligence im Rahmen von Aktionsprojekten;
	Auswertung diverser Analystenreports
01/2006–02/2006	**Merk-GmbH, Karlsruhe**
	Mitwirkung bei der Produktentwicklung und Lieferantenmanagement;
	Mitwirkung beim Aufbau des Vertriebsnetzes und des Marketings

Sonstige Praxiserfahrungen

2003–2005	Freiberufliche Tätigkeit als Webdesigner
2002–2003	Zivildienst in einem Altersheim, Karlsruhe

Schulbildung	
1989–2001	Grundschule und Gymnasium, Karlsruhe Abitur: Note 1,3

Zusatzqualifikationen	
Sprachkenntnisse	Englisch, Französisch und Spanisch in Wort und Schrift
EDV-Kenntnisse	Word, Excel, PowerPoint, HTML, Visual Basic, SQL

Interessen
Wirtschaft, Börse, Handball
Jochen Braun Karlsruhe, 20.05.2009

Gestalten Sie Ihren Lebenslauf übersichtlich und ohne große Schnörkel:

✔ Eine klare Gliederung ist ebenso wichtig wie eine übliche Schrift mit normaler Schriftgröße. Am besten geeignet zur Bildschirmdarstellung sind die gängigen Schriftarten wie Arial oder Times New Roman in den Schriftgrößen 11 bis 13

✔ Verzichten Sie auf Auszeichnungen wie kursiv oder fett, außer zur Strukturierung der Informationen.

✔ Unterstreichungen sind nur erforderlich, wenn Sie mehrere Vornamen haben, denn dann müssen Sie Ihren Rufnamen unterstreichen.

Ihnen gefällt weder der klassische noch der amerikanische Lebenslauf? Niemand zwingt Sie, die Abschnitte in Ihrem Lebenslauf in einer bestimmten Reihenfolge darzustellen. Sie können Ihre persönlichen Daten auf einem Deckblatt mit oder ohne Ihr Bewerbungsfoto festhalten. Ihr *Curriculum Vitae* startet dann mit Ihrer aktuellen Berufstätigkeit. Ihre berufliche Weiterbildung und besondere Kenntnisse schließen sich an. Zum Abschluss führen Sie Ihre Schulbildung und sonstigen Interessen wie zum Beispiel Ihre Hobbys an.

 Wichtig ist, dass Sie Ihren Lebenslauf in jedem Fall übersichtlich gestalten, damit Ihr potenzieller Arbeitgeber mit einem Blick die wichtigen Stationen Ihres Berufslebens erfassen kann.

 So können Sie Ihren Lebenslauf individuell gestalten. Starten Sie mit einem Deckblatt:

Bewerbungsunterlagen

für Frau Prof. Dr. Andrea Schimbeno
Privatbank AG

von Max-Jörg Daum, Finanzassistent
Riedweg 1, 67059 Ludwigshafen
Tel.: 0621 / 123345
E-Mail: daummaxj@web.de
www.max-joerg-daum.de

geboren am 30. April 1980
in Bern
schweizerische Staatsangehörigkeit
verheiratet, eine Tochter

Im Anschluss formulieren Sie Ihren Lebenslauf:

Curriculum Vitae	Max-Jörg Daum

Berufserfahrung

seit 10/2005   **Finanzassistent bei der Investor-AG, Weinheim**

Assistent der Geschäftsleitung für die Bereiche Human Resources, Controlling und Portfolioanalyse

2002–2005   **Finanzassistent bei der Juniorbank, Westhofen**

Schwerpunkttätigkeiten in den Bereichen statistische Analyse und Unternehmenscontrolling

2000–2002   **Ausbildung zum Finanzassistenten bei der Juniorbank, Westhofen**

Weiterbildung

seit 03/2008   Industrie- und Handelskammer für die Pfalz, Ludwigshafen:

Ausbildung zum Personalfachkaufmann im Rahmen eines Fernstudiums

Besondere Kenntnisse

Sprachen   Englisch, Portugiesisch, Russisch

alle fließend in Wort und Schrift

EDV   Windows Vista, Microsoft Office, Grafikprogramme

Hobbys   Entwicklung von Computerprogrammen, Fotografieren und Schneeschuhwandern

Ludwigshafen, 20.04.2009

Max-Jörg Daum

 Was halten Sie von der Idee, Ihren Lebenslauf ohne separates Deckblatt, aber dafür im Querformat zu gestalten? Das kann zum Beispiel so aussehen:

Lebenslauf

Andrea Schimbeno
Mailänderstraße 10
33440 Malerhain
Telefon: 0332/77 689 99
E-Mail: andrea-schimbeno@google.de
geb. 10.03.1973 in Ludwigswinkel, ledig

Berufserfahrung

seit 03/2006   Persona-GmbH, Malerwinkel
Assistentin der Personalleitung
Bewerberauswahl
Bewerberbetreuung
Organisation und Durchführung
von Workshops und Seminaren

01/2001–02/2006   VerwaltungsAG, Monsheim
Teamassistentin
Organisation, Vertragswesen, Kundenberatung

08/1995–12/2000   Süd AG, Sonnenhofen
Vertriebsassistenz
Kundenberatung, Zahlungsverkehrsabwicklung
Berichtswesen
Projektarbeiten
Mitarbeiterbetreuung
Personaleinsatzplanung

Es folgt die zweite Seite Ihres Lebenslaufs, die so aussehen kann:

Ausbildung | | **Besondere Kenntnisse**

1995–1998	Ausbildung zur Europasekretärin, Euroatilier, Bonn	Russisch, verhandlungssicher Polnisch, verhandlungssicher Englisch, verhandlungssicher
1991–1994	Abgeschlossene Ausbildung zur Industriekauffrau, IndustiaAG, Hamm	Microsoft Office Internet
1991	Gymnasialabschluss, Schiffbronn	

Auslandsaufenthalte

1998–2000	Sprachaufenthalte in Russland und Polen	Kulturreisen, Segeln, Ski fahren
		Malerhain, 30.04.2009
		Andrea Schimbeno

Wie beeindruckend ist Ihre Handschrift?

Dass von Ihnen eine Handschriftenprobe gefordert wird, ist eher selten, kann aber vorkommen. Ihr potenzieller Arbeitgeber wird Ihre Schriftprobe grafologisch begutachten lassen, um so Informationen über Ihre Persönlichkeitsstruktur zu erhalten. Ihre Handschrift ist individuell und zeigt ein relativ konstantes Verhaltensmuster, aus dem Grafologen auf Aspekte Ihrer Persönlichkeit schließen können. Aus verschiedenen Merkmalen wie zum Beispiel dem Rhythmus, der Einheitlichkeit sowie der Größe, Längeneinteilung, Druckstärke und Besonderheiten der Unterschrift erstellt der Grafologe Ihr Charakterbild.

 Sobald Sie Ihre Handschriftenprobe bei Ihrem potenziellen Arbeitgeber einreichen, stimmen Sie stillschweigend der Erstellung eines grafologischen Gutachtens zu. Keine Sorge, Kosten entstehen Ihnen hierfür nicht.

Bevor Sie nun Ihren kompletten Lebenslauf über einige Seiten hinweg sauber und vor allem fehlerfrei mit der Hand schreiben, üben Sie erst einmal:

✔ Schreiben Sie irgendeinen vorgegebenen Text, zum Beispiel einen Zeitungsartikel, ab.

✔ Verstellen Sie Ihre Handschrift auf keinen Fall!

✔ Schreiben Sie mit schmierfreiem Kugelschreiber oder Füller.

Versuchen Sie, gleichmäßig zu schreiben. Denken Sie daran, dass beim Einscannen Ihrer Handschriftenprobe alle Feinheiten sichtbar werden. Wenn Sie in feinen dünnen Linien schreiben, werden diese im eingescannten Dokument eventuell kaum sichtbar, geschweige denn gut lesbar sein.

 Finger weg von »Ghostwritern«. Spätestens wenn Sie während eines Assessment-Centers Aufgaben schriftlich lösen müssen und dann Ihre Lösungen mit Ihrer Handschriftenprobe verglichen wird, fällt Ihr Betrug auf.

Ihren kompletten Lebenslauf handschriftlich zu verfassen, ist schon eine Herausforderung. Wenn Sie nicht explizit dazu aufgefordert werden, sondern lediglich um eine Handschriftenprobe gebeten werden, entscheiden Sie sich lieber für die *Dritte Seite*. Wie diese aussieht, erfahren Sie in Kapitel 11, »Sie haben noch viel mehr zu bieten: Ihre Anlagen«.

 Was darf am Ende Ihrer Handschriftenprobe nicht fehlen? Ort, Datum und Unterschrift mit Ihrem Vor- und Nachnamen. Schließlich haben Sie gerade ein ganz persönliches Dokument verfasst!

Sie sind neugierig, wie Ihr grafologisches Gutachten aussieht? Sie können ein solches Gutachten auch selbst in Auftrag geben; sehen Sie sich einmal im Internet nach entsprechenden Angeboten um.

 Informieren Sie sich vorab über die Kosten, die Ihnen für Ihre Handschriftenanalyse in Rechnung gestellt werden. Ganz preiswert sind diese Gutachten nicht unbedingt.

Wenn Personalverantwortliche Ihren Lebenslauf auswerten

Personalverantwortliche beschäftigen sich intensiv mit Ihrem Lebenslauf. Ihr Lebenslauf enthält nicht nur Daten und Fakten, sondern vor allem Informationen über Ihre persönliche Entwicklung. Er beschreibt, wer Sie sind und was Sie bislang alles gemacht haben. Das ist für einen Personaler sehr interessant. Folgende Aspekte stehen dabei im Vordergrund: Wie stimmen berufliche und zeitliche Entwicklung überein oder gibt es Lücken in Ihrem Lebenslauf.

Wie stetig ist Ihre Karriere? Die Positionenanalyse

Die Positionenanalyse gibt dem Personaler Aufschluss darüber, wie zielstrebig und konsequent Sie sind.

✔ Haben Sie in Ihrem Studium Schwerpunkte gesetzt und arbeiten jetzt auf diesem Gebiet?

✔ Oder sind Sie kreuz und quer durch alle möglichen Studienangebote gehüpft, haben mal hier und da reingeschnuppert, Ihr Studium abgebrochen und machen nun etwas völlig anderes?

✔ Wie ist Ihre berufliche Entwicklung? Haben Sie nach der Ausbildung Stufe für Stufe die vorgesehene Karriereleiter erklommen?

✔ Oder machen Sie seit Jahrzehnten ein- und denselben Job?

✔ Wie häufig wechseln Sie Ihre Arbeitgeber?

Für alle diese Fragen gibt es Erklärungen:

✔ Wenn Sie viele verschiedene Tätigkeiten ausgeübt haben, beweist das Ihr vielseitiges Interesse. Von Ihren unterschiedlichen Erfahrungen profitieren Sie nun auch in Ihrem Job.

✔ Ihren Job haben Sie häufiger gewechselt, weil Sie ganz andere Vorstellungen von dieser Arbeit hatten.

✔ Ihren Arbeitgeber mussten Sie aus familiären Gründen mehrfach wechseln, weil Ihr Partner berufsbedingt häufig versetzt wurde.

Merken Sie, worauf es ankommt? Auf eine gute Argumentation.

 Saugen Sie sich nicht irgendwelche Gründe aus den Fingern, nur weil Sie glauben, Ihre Argumentation würde sich gut anhören. Stehen Sie zu Ihrer Entwicklung und bleiben Sie authentisch. Schließlich wollen Sie, dass Ihr potenzieller neuer Arbeitgeber Sie so nimmt, wie Sie sind!

Jahr für Jahr: Die Zeitfolgenanalyse

Der Personaler überprüft Ihren Lebenslauf auf zeitliche Lücken. Reihen sich Tag, Monat und Jahr nach Ihrer Schulzeit mit Ausbildung, Studium und Berufstätigkeit nahtlos aneinander, ist er zufrieden. Sind allerdings zeitlich größere Abstände zwischen verschiedenen Tätigkeiten zu erkennen, gibt es für ihn Klärungsbedarf. Sie dürfen sicher sein, dass Sie spätestens im Vorstellungsgespräch gefragt werden, was Sie in dieser Zeit gemacht haben.

Wie erklären Sie Lücken in Ihrem Lebenslauf?

Wenn Sie im Laufe Ihres bisherigen Lebens irgendwann einmal das Bedürfnis hatten, eine Auszeit zu nehmen, so ist das absolut kein K.-o.-Kriterium für Ihre Bewerbung. Warum auch? Sie hatten schließlich gute Gründe dafür:

✔ Sie haben diese Zeit genutzt, um über Ihr Leben nachzudenken. Sie haben darüber nachgedacht, was Sie verändern möchten. Dass Sie zu einem Entschluss gekommen sind, zeigt Ihre Bewerbung.

✔ Sie haben diese Zeit für eine Weltreise genutzt? Prima. Sie sind also nicht nur kulturell interessiert, Sie wissen jetzt sogar eine ganze Menge über andere Nationen.

✔ Sie haben Ihre Ausbildung abgebrochen? Dann war das sicher nicht der richtige Beruf für Sie oder Sie wollten doch lieber studieren.

✔ Es gab familiäre oder finanzielle Gründe. Dafür sollte jeder Arbeitgeber Verständnis haben.

 Bleiben Sie ehrlich! Erfinden Sie nicht irgendwelche Tätigkeiten in Ihrem Lebenslauf, nur um keine zeitlichen Lücken darin stehen zu haben. Sie lassen sich sehr schwer beziehungsweise gar nicht nachweisen und ohne Nachweis stehen Sie als Lügner da. Beweisen Sie, dass Sie Ihre Auszeit für Ihre persönliche Entwicklung genutzt haben!

Bleibt Ihr Lebenslauf immer gleich?

Überlegen Sie: Sie wollen mit Ihrer Bewerbung zum Ausdruck bringen, dass Sie genau der Richtige für diesen Job sind. Mit Ihrem Lebenslauf muss deutlich werden, dass Sie den Anforderungen Ihres neuen Jobs gewachsen sind. Deshalb kann es durchaus sein, dass Sie Ihren Lebenslauf je nach Stellenangebot anpassen müssen:

✔ Mal passt eine Tätigkeit nicht, weil sie völlig fachfremd ist. Mal müssen Sie genau diese Tätigkeit in den Vordergrund stellen, weil sie eine der Hauptanforderungen Ihres neuen Jobs ist.

✔ Oder Sie lassen Ihre Hobbys lieber unter den Tisch fallen, weil anhand des Stellenangebots ersichtlich ist, dass Ihr neuer Job Sie zeitlich mehr als auslasten wird.

✔ Bei der nächsten Bewerbung dagegen betonen Sie bewusst Ihr Hobby, weil es eindeutig eine gute Ergänzung zu Ihrem neuen Job darstellt.

Gleichen Sie Ihren Lebenslauf mit dem Stellenangebot ab. Wenn Sie mit Ihrem Lebenslauf zufrieden sind und überzeugt sind, dass alles passt, kann es weitergehen.

Sie haben noch viel mehr zu bieten: Ihre Anlagen

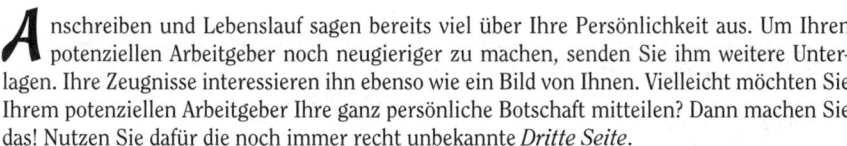

In diesem Kapitel

▶ Was Ihr neuer Arbeitgeber unbedingt über Sie wissen sollte

▶ Zeugnisse sind immer gefragt

▶ Ein Bild sagt mehr als tausend Worte

Anschreiben und Lebenslauf sagen bereits viel über Ihre Persönlichkeit aus. Um Ihren potenziellen Arbeitgeber noch neugieriger zu machen, senden Sie ihm weitere Unterlagen. Ihre Zeugnisse interessieren ihn ebenso wie ein Bild von Ihnen. Vielleicht möchten Sie Ihrem potenziellen Arbeitgeber Ihre ganz persönliche Botschaft mitteilen? Dann machen Sie das! Nutzen Sie dafür die noch immer recht unbekannte *Dritte Seite*.

Die Besondere: Zusätzliche Informationen auf der Dritten Seite

Mal abgesehen davon, dass sich die sogenannte *Dritte Seite* hervorragend eignet, um eine Handschriftenprobe abzugeben, bietet sie Ihnen die Möglichkeit, sich von den anderen Bewerbern abzuheben. Schreiben Sie, was Ihnen wichtig ist oder was Ihr potenzieller neuer Arbeitgeber von Ihnen wissen sollte. Die Überschrift Ihrer Dritten Seite könnte zum Beispiel so aussehen:

✔ Was Sie sonst noch über mich wissen sollten

✔ Warum ich mich bei Ihnen bewerbe

✔ Zu meiner Bewerbung

✔ Ich über mich

✔ Meine Motivation für meine Bewerbung

 Nutzen Sie die Chance, Ihre Stärken und Fähigkeiten in einem individuellen Text deutlich zu machen. Ihr potenzieller Arbeitgeber wird Ihrer Dritten Seite mindestens ebenso viel Aufmerksamkeit widmen wie Ihrem Lebenslauf. Wenn es Ihnen gelingt, ihn mit wenigen Sätzen zu beeindrucken, ist Ihnen spätestens jetzt eine Einladung zum Vorstellungsgespräch sicher.

 Wie kann eine Dritte Seite aussehen? Zum Beispiel so:

Sabine Maler, Kunststraße 1a, 66785 Malerwinkel, Telefon +49 334 78910

Ich über mich

Zu meinen besonderen Fähigkeiten zählen konzeptionelles, strukturiertes und organisiertes Arbeiten, was ich insbesondere beim Aufbau der neuen Verwaltungsabteilung unter Beweis stellen durfte. Ich bin es gewohnt, Verantwortung zu übernehmen, selbstständig und im Team zu arbeiten. Meine Flexibilität hilft mir, auch schwierige Aufgaben kreativ zu lösen.

Engagement und Belastbarkeit sind für mich ebenso selbstverständlich wie überdurchschnittliche Einsatzbereitschaft. In einem der Kreativität förderlichen Arbeitsklima kann ich mit innovativen, zielgerichteten und kostenbewussten Lösungen überzeugen. Vorgesetzte und Kollegen schätzen meine Hilfsbereitschaft ebenso sehr wie meine rasche Auffassungsgabe.

Überzeugen Sie sich selbst von meiner Praxiserfahrung und meinen Fähigkeiten.

Malerwinkel, 04.07.2009

Sabine Maler

Welcher Arbeitgeber wird da nicht neugierig? Natürlich können Sie auf Ihrer Dritten Seite auch besondere Arbeitsschwerpunkte oder Projekte skizzieren. Was auch immer Ihnen wichtig ist, hier können Sie es formulieren.

 Ort, Datum und Ihre Unterschrift sind auch auf der Dritten Seite unbedingt erforderlich. Es ist schließlich Ihr ganz persönliches Dokument.

Noten gefällig? Ihre Zeugnisse

Zeugnisse begleiten uns ein ganzes Leben lang. Angefangen bei der Schulzeit, über die Ausbildung bis hin zum Beruf. Zeugnisse sind schriftliche Dokumente, die Ihre Leistung bewerten. Mal mit Noten, mal mit vielen Worten. Sie geben Auskunft über Ihr Können und Wissen. Sie erhalten mit Ihren Zeugnissen die Bestätigung, was Ihren Neigungen entspricht und was nicht. Wenn Sie zum Beispiel während Ihrer Schulzeit in Sprachen schlichtweg genial waren und dagegen in Naturwissenschaften so gar nichts verstanden haben, werden Sie wohl kaum Biologie, Chemie oder Physik studieren. Sie werden Ihrer Neigung entsprechend ein Studium oder einen Beruf wählen, in dem Sie Ihre Sprachkenntnisse anwenden und ausbauen können.

So wie Ihnen Ihre Zeugnisse eine Orientierung geben, erfährt ein Personaler hierüber, was Sie gut, weniger gut oder gar nicht können – wo Ihre Stärken und Schwächen liegen.

Schulzeugnisse: Gehören die überhaupt noch dazu?

Das kommt darauf an, zu welchem Zeitpunkt Sie sich bewerben:

✔ Sind Sie Schüler und suchen einen Ausbildungsplatz? Dann gehören Ihre Zeugnisse selbstverständlich zu Ihren Bewerbungsunterlagen. Sie bewerben sich in aller Regel mit dem Halbjahreszeugnis des letzten Schuljahrs. Haben Sie Ihre Schulzeit beendet, fügen Sie Ihr Abschlusszeugnis Ihren Bewerbungsunterlagen bei. Schließlich ist Ihr Zeugnis bislang der einzige schriftliche Leistungsnachweis, den Sie haben.

✔ Sind Sie Student und bewerben sich kurz vor Ihrem Studienende, gehört Ihr Schulabschlusszeugnis ebenfalls zu Ihren Bewerbungsunterlagen. Der Personaler, der Ihre Bewerbungsunterlagen auswertet, ist schließlich neugierig zu erfahren, ob Sie ein Studium gewählt haben, das Ihren schulischen Leistungen entspricht, oder ob Sie etwas völlig anderes studiert haben.

 Egal ob Sie gerade Ihre Ausbildung beendet haben und auf Jobsuche sind oder über eine breite Berufserfahrung verfügen, Ihr Schulabschlusszeugnis dokumentiert Ihren ersten Bildungsweg und gehört allein schon der Vollständigkeit wegen zu Ihren Bewerbungsunterlagen. Also fügen Sie in jedem Falle eine Kopie Ihres Schulabschlusszeugnisses bei.

Ausbildungsnachweise: Wie wichtig sind sie?

Ihre Ausbildungsnachweise sind sehr wichtig für Ihren potenziellen Arbeitgeber! Diese Zeugnisse sagen eine ganze Menge über Ihr berufliches Wissen und Können aus! Wie viele Ausbildungsnachweise halten Sie in Ihren Händen?

✔ Das Abschlusszeugnis der Berufsschule. Das ist vergleichbar mit Ihren Schulzeugnissen. Hier steht mit Noten bewertet, wie Ihre schulischen Leistungen, insbesondere eben bei Prüfungen waren. Sind Ihre Noten gut, ist alles bestens. Sind sie weniger gut oder gar grottenschlecht, müssen Sie sich darauf einstellen, dass spätestens in Ihrem Vorstellungsgespräch die Frage nach dem Warum kommt. Haben Sie vielleicht Prüfungsangst und jedes Mal ein Blackout? Oder sind Sie einfach nur faul und haben keine Lust zu lernen? Überlegen Sie sich Ihre Antwort gut. Schließlich wollen Sie Ihren potenziellen Arbeitgeber davon überzeugen, dass Sie genau der Richtige für den Job sind.

✔ Das Prüfungszeugnis der Industrie- und Handelskammer oder der Handwerkskammer. Hier ist festgehalten, wie Ihre Leistungen an den Tagen Ihrer Abschlussprüfungen waren. Unterteilt ist dieser Bewertungsnachweis in eine schriftliche und eine praktische Prüfung, beide Prüfungsteile werden benotet. Ihre Abschlussprüfung vor den Kammern ist eine Momentaufnahme. Haben Sie einen guten Tag erwischt, läuft in Ihrer Prüfung sicher alles prima, wenn nicht, haben Sie Pech und Ihre Noten sind schlecht. Letzteres gibt dem

Personaler wieder Grund zum Nachfragen. Erklären Sie ihm offen und ehrlich, was bei Ihrer Prüfung schiefgelaufen ist.

Schließlich haben Sie ja noch ein weiteres Zeugnis, das wesentlich mehr über Ihr berufliches Können aussagt:

✔ Ihr Arbeitszeugnis. Das kann einfach und nur auf Ihre Tätigkeiten beschränkt sein, aber auch qualifiziert, indem es neben Ihren Aufgaben viele Ihrer Eigenschaften beschreibt.

Das einfache Zeugnis: Ihr Tätigkeitsnachweis

Das einfache Zeugnis ist wirklich einfach. Es enthält folgende Informationen:

✔ Ihre persönlichen Daten

✔ Die Bezeichnung und Dauer Ihrer Beschäftigung

✔ Eine Auflistung aller Arbeiten, die Sie ausgeführt haben

Ein einfaches Zeugnis kann zum Beispiel so aussehen:

Zeugnis

Frau Sonja Sonne, geboren am 23. Mai 1975 in Sonningen, arbeitete in unserem Unternehmen »Sonnenenergie« vom 02. März 2005 bis 30. November 2005 als Bürokauffrau.

Zu ihren Tätigkeiten gehörten:

• Die tägliche Postöffnung und -verteilung

• Die Ablageverwaltung

• Das Entgegennehmen von Kundenbeschwerden und die Weitergabe an die zuständige Beschwerdestelle

• Das Erteilen von Auskünften im Rahmen unserer allgemeinen Unternehmensordnung

• Die Protokollführung während interner Sitzungen

• Das Nachbereiten und Verteilen der Sitzungsprotokolle

Sonningen, 30. November 2005

Ulrich Meier

Geschäftsführer

Unternehmen »Sonnenenergie«

Diese Arbeiten sind detailliert aufzuführen und dürfen nicht bewertet werden. Ihr zukünftiger Arbeitgeber erhält einen Überblick über alles, was Sie bislang gemacht haben. Er erfährt aber aus diesem einfachen Zeugnis nicht, ob und wie gut Sie Ihre Arbeiten erledigt haben, geschweige denn, wie Sie sich in dem Unternehmen verhalten haben.

Wenn ein Bewerber nur ein einfaches Zeugnis vorlegen kann, drängt sich seinem potenziellen neuen Arbeitgeber die Frage auf, ob denn die Leistungen des Bewerbers in seinem alten Job mangelhaft waren oder es vielleicht sogar »Vorkommnisse« gegeben hat, deren Erwähnung der Zeugnisempfänger durch Antrag auf ein einfaches Zeugnis vermeiden will.

Ein einfaches Zeugnis ist zwar ein Dokument, das nachweist, was Sie gemacht haben, viel interessanter ist es aber für Ihren neuen Arbeitgeber zu erfahren, wie Sie Ihre Arbeit erledigen. Deshalb ist es besser, wenn Sie ein anderes Zeugnis vorlegen können: ein qualifiziertes.

Das qualifizierte Zeugnis beschreibt mehr als Ihr Fachwissen

Das qualifizierte Zeugnis übernimmt alle Angaben aus dem einfachen Zeugnis und ergänzt diese Informationen durch Angaben über:

✔ Ihr Verhalten

✔ Ihre Leistungen

✔ Ihre Führung

Besondere Leistungen werden ebenso hervorgehoben wie Ihre Stärken. Der Grund für die Erstellung Ihres Zeugnisses wird ebenfalls aufgeführt:

✔ Ist Ihr Zeugnis ein Zwischenzeugnis, weil Sie zum Beispiel die Abteilung wechseln oder einen neuen Chef bekommen, lautet der Schlusssatz:»Dieses Zwischenzeugnis wurde auf Wunsch von Herrn/Frau … ausgestellt.« Mehr nicht.

✔ Handelt es sich um ein Arbeitszeugnis, weil Sie sich beruflich verändern wollen, endet Ihr Zeugnis zum Beispiel so:»Herr/Frau … verlässt unser Unternehmen zum xx.xx.20xx auf eigenen Wunsch. Wir danken ihm/ihr für die sehr gute Zusammenarbeit und wünschen ihm/ihr beruflich wie privat weiterhin alles Gute.« Fällt Ihnen etwas auf? Nach der Begründung für die Zeugniserstellung folgt eine Abschiedsfloskel mit guten Wünschen für die berufliche und private Zukunft.

 Sie haben einen rechtlichen Anspruch auf ein Arbeitszeugnis. Dieser Rechtsanspruch ist im Bürgerlichen Gesetzbuch in § 630 verankert. Da ein Zeugnis eine Urkunde ist, in der Ihre beruflichen Leistungen dokumentiert sind, muss es schriftlich und auf dem Original-Firmenpapier Ihres Arbeitgebers ausgestellt und von zwei bevollmächtigten Führungskräften (in der Regel ein Geschäftsführer und ein Mitarbeiter der Personalabteilung) unterschrieben werden.

Sofern Sie entlassen wurden oder Ihr Arbeitsvertrag in beiderseitigem Einvernehmen aufgelöst wurde, wird auf die Angabe der Gründe für die Zeugniserstellung ebenso verzichtet wie auf die Abschiedsfloskel mit den guten Wünschen. Damit ist für jeden neuen Arbeitgeber ersichtlich, dass Ihre berufliche Neuorientierung nicht freiwillig stattfindet.

Damit Sie nicht spätestens in Ihrem Vorstellungsgespräch mit unliebsamen Fragen rechnen müssen, sollten Sie darauf achten, dass wenigstens eine freundliche Abschiedsfloskel Ihr Zeugnis abrundet. Sie dürfen Ihren Arbeitgeber jederzeit bitten, das Zeugnis zu ändern, wenn es Ihnen nicht gefällt und Sie beweisen können, dass Ihre Leistungen besser waren als dokumentiert.

Industrie-Verwaltungs GmbH   Industriestraße 111   10110 Industriestadt

Zeugnis

Herr Michael Langer, geboren am 21.08.1980, war in der Zeit vom 02.01.2005 bis zum 31.03.2008 als Analyst in unserem Unternehmen beschäftigt. Sein Einsatz erfolgte innerhalb unserer Abteilung »Strukturierte Finanzierung«, mit deren vielfältigen Aufgaben er betraut war.

Das operative Tagesgeschäft gehörte ebenso zu Herrn Langers Aufgabengebiet wie die folgenden Tätigkeiten:

- Angebotsanalyse und Entscheidungsfindung

- Erstellung von Refinanzierungsplänen und Vertragsverhandlung mit Banken

- Teilnahme an Bankensitzungen als Vertreter unseres Hauses

- Begleitung des Energiespar-Projekts Sonnenhof

- Unterstützung der Geschäftsführung bei der Due Dilligence diverser Akquisitionsprojekte

Wir lernten Herrn Langer als zuverlässigen, sorgfältigen und belastbaren Mitarbeiter kennen, der mit seiner ruhigen und zuvorkommenden Art analytisch und zielgerichtet arbeitete. Durch sein überdurchschnittliches Engagement trug er intensiv zur Verbesserung von innerbetrieblichen Abläufen und damit zur Effizienzsteigerung unseres Unternehmens bei.

Alle ihm übertragenen Aufgaben erledigte er gründlich und absolut zuverlässig stets zu unserer vollsten Zufriedenheit. Herr Langer wurde von Vorgesetzten, Kollegen, Geschäftspartnern und Kunden gleichermaßen sehr geschätzt.

Wir danken Herrn Langer für seine stets sehr guten Leistungen und wünschen ihm für die Zukunft beruflich wie privat alles Gute und weiterhin viel Erfolg.

Industriestadt, 31.03.2008

Industrie-Verwaltungs GmbH

Martina Johann   *Sebastian Kaus*
Geschäftsleitung   Personalleitung

Wagen Sie es aber nicht, eigenständig Ihr Zeugnis abzuändern. Das ist Urkunden-fälschung und wird mit einer Geldstrafe oder sogar Freiheitsstrafe geahndet!

Ein qualifiziertes Arbeitszeugnis kann zum Beispiel so wie auf der vorigen Seite aussehen. Ein beeindruckendes Zeugnis.

Glauben Sie, dass es Angaben oder sogar Aussagen gibt, die definitiv nichts in Ihrem Zeugnis verloren haben?

Was in Ihrem Zeugnis nicht stehen darf

Für Zeugnisse gelten drei Grundsätze:

✔ **Zeugniswahrheit:** Alles, was in Ihrem Zeugnis steht, muss der Wahrheit entsprechen.

✔ **Zeugnisklarheit:** Das Zeugnis muss so formuliert sein, dass ein Dritter Ihre Leistungen nachvollziehen und sich eine Vorstellung über Ihre beruflichen und persönlichen Qualitäten machen kann.

✔ **Wohlwollen:** Die Aussagen in Ihrem Zeugnis dürfen Ihnen auf keinen Fall Ihre berufliche Zukunft »verbauen«.

In Ihrem Zeugnis dürfen keine Angaben zu Folgendem stehen:

✔ Behinderungen

✔ Gehalt

✔ Fehlzeiten (Urlaub, Fortbildung, Krankheit)

✔ Partei- und Gewerkschaftszugehörigkeit

✔ Betriebsratstätigkeiten, Ehrenämter und Nebenbeschäftigungen

✔ Soziales und religiöses Engagement

✔ Suchterkrankungen

✔ Vorstrafen, Abmahnungen und Kündigungsgründe

Woran können Sie als Laie erkennen, dass Ihr Zeugnis den Grundsätzen entspricht und keine versteckten Botschaften enthält? Das ist gar nicht so einfach.

... und das steht zwischen den Zeilen: Der Zeugniscode

Nicht jeder, der ein Zeugnis verfasst, ist ein gelernter oder gar studierter Personaler und mit den Geheimnissen der Zeugnissprache vertraut. Oftmals werden Zeugnisse in dem Glauben formuliert, den Mitarbeiter gut und treffend charakterisiert zu haben, ohne groß darüber nachzudenken, ob das auch tatsächlich so ist. Es kommt nicht selten vor, dass Formulierungen aus Vorlagen abgeschrieben werden. In Zeugnissen sollen allgemeine Aussagen über Ihr Verhalten getroffen werden und ebenso über Ihr Fachwissen, Ihre Arbeitsweise und Ihre Leistungen.

Die Angaben zu diesen Eigenschaften lassen sich mit einer Notenskala bewerten, wie die Tabelle auf der nächsten Seite zeigt.

Es gibt grundsätzlich Formulierungen, die mit Vorsicht zu genießen sind:

✔ Durch seine Geselligkeit trug er zur Verbesserung des Betriebsklimas bei.

   Vorsicht Alkoholproblem!

✔ Für die Belange der Belegschaft bewies er stets Einfühlungsvermögen.

   Achtung: Sexualkontakte!

✔ Im Kollegenkreis galt er als toleranter Mitarbeiter.

   Vorsicht: Nicht kooperativ!

✔ Wir lernten ihn als umgänglichen Mitarbeiter kennen.

   Er war sehr unbeliebt!

Wenn Sie verunsichert sind, was in Ihrem Zeugnis steht, können Sie Ihr Zeugnis von einer unabhängigen Stelle oder einem Rechtsanwalt prüfen lassen.

Solche Analysen sind allerdings nicht kostenlos. Informieren Sie sich vorab, was die Zeugnisanalyse kostet und überlegen Sie sich, ob sie Ihnen das wert ist.

Eigenschaft	Sehr gut	Gut	Befriedigend	Ausreichend	Mangelhaft
Verhalten	… war jederzeit vorbildlich	… war einwandfrei	… war gut	… gab keinen Anlass zu Beanstandungen	…war angemessen
Bereitschaft	… zeigte stets ein sehr hohes Maß an Eigeninitiative	… zeigte stets eine hohe Leistungsbereitschaft	… zeigte Leistungsbereitschaft	… mit seiner Leistungsbereitschaft waren wir zufrieden	(keine Angaben)
Fachwissen	… verfügt über exzellente, umfangreiche und besonders fundierte Fachkenntnisse	… verfügt über gute und fundierte Fachkenntnisse	… besitzt ein solides Fachwissen	… zeigt bei der Bearbeitung der ihm übertragenen Aufgaben das notwendige Fachwissen	… zeigt bei der Beschäftigung mit den ihm übertragenen Aufgaben das notwendige Fachwissen
Arbeitsweise	… erledigte alle Aufgaben stets selbstständig, effizient und sorgfältig	… führte die Aufgaben immer selbstständig, effizient und sorgfältig aus	… führte die Aufgaben selbstständig, effizient und sorgfältig aus	… die Ausführung der Aufgaben war sorgfältig und genau	… die Aufgaben wurden im Allgemeinen sorgfältig und genau ausgeführt
Leistungen	… seine Leistungen waren stets zu unserer vollsten Zufriedenheit	… seine Leistungen waren stets zu unserer vollen Zufriedenheit	… seine Leistungen fanden unsere volle Zufriedenheit	… seine Leistungen fanden unsere Zufriedenheit	… war bemüht, seine Aufgaben zu unserer Zufriedenheit zu erledigen
Dank/Bedauern	Wir bedauern sein Ausscheiden sehr und danken ihm für seine stets sehr gute Mitarbeit.	Wir bedauern sein Ausscheiden und danken ihm für die stets gute Mitarbeit.	Wir bedauern sein Ausscheiden und danken ihm für die gute Mitarbeit.	Wir danken für die Mitarbeit.	Wir bedanken uns für das Streben nach einer guten Mitarbeit.
Erfolgswünsche	Wir wünschen ihm für den weiteren Berufs- und Lebensweg alles Gute und weiterhin viel Erfolg.	Wir wünschen ihm für den weiteren Berufs- und Lebensweg alles Gute und weiterhin Erfolg.	Wir wünschen ihm für den weiteren Berufs- und Lebensweg alles Gute.	Wir wünschen ihm für die Zukunft alles Gute.	(Angaben fehlen)

Werbung in eigener Sache: Ihr Bewerbungsfoto

Ihr Bewerbungsfoto ist ein Sympathieträger. Ihr potenzieller Arbeitgeber wirft einen ersten Blick auf Ihr Foto und bildet sich in Sekundenschnelle sein Urteil: Wirken Sie auf ihn sympathisch oder unsympathisch? Freundlich, offen oder introvertiert, verschlossen? Mit einem professionellen, gut gemachten Foto vermitteln Sie ein positives Selbstwertgefühl.

✔ Suchen Sie sich für Ihren Fototermin einen Tag aus, an dem es Ihnen gut geht. Ihre Ausstrahlung überträgt sich auf Ihr Foto.

✔ Gehen Sie zu einem professionellen Fotografen und lassen Sie sich eine Auswahl an Fotos machen. So können Sie für jede Bewerbung das richtige Foto wählen.

✔ Schwarz-Weiß-Fotos sind in!

✔ Bei Farbfotos achten Sie auf dezente Kleidung. Frauen sollten sparsam mit Make-up umgehen.

✔ Was die Kleidung angeht, so sollte diese Ihrem Traumjob angemessen sein. Verzichten Sie auf einen offenen Hemdkragen ebenso wie auf ein ief ausgeschnittenes Dekolleté.

✔ Ihre Haare sollten frisch gewaschen sein, gut gefönt und auf keinen Fall Ihre Augen verdecken. Schließlich haben Sie nichts zu verbergen!

✔ Sie dürfen gerne anstelle eines schlichten »Kopf und Kragen«-Fotos Ihre Arme, Hände und/oder den Oberkörper mit ablichten lassen.

 Mittlerweile erhalten Sie bei jedem Fotografen Ihre Bewerbungsfotos in digitaler Form. Somit steht Ihrer Online-Bewerbung mit einem schönen Bewerbungsbild nichts mehr im Wege.

Abbildung 11.1: So sympathisch sind Sie!

Das Format Ihres Fotos sollte weder zu klein noch zu groß sein. Optimal ist eine Größe von 6 mal 4,5 Zentimeter. Wenn Sie wollen, können Sie Ihr Foto im Querformat machen. Ihr

Kopf und sogar Ihr Gesicht darf gern ein wenig angeschnitten sein. Das wirkt dynamisch und interessant. Schauen Sie sich einmal die hier gezeigten Beispiele an. Sie finden bestimmt so manche Anregung für Ihr individuelles Bewerbungsfoto.

Abbildung 11.2: Mit Ihrer Nahaufnahme beeindrucken Sie.

Abbildung 11.3: Für alle, die es klassisch mögen.

Abbildung 11.4: Ein interessantes Porträt, finden Sie nicht auch?!

 Das im August 2006 in Kraft getretene Allgemeine Gleichbehandlungsgesetz (AGG) besagt zwar, dass Jobanbieter keine Bewerbungsfotos mehr in Stellenausschreibungen verlangen dürfen, es verbietet aber keinem Bewerber, freiwillig ein Foto zu seinen Bewerbungsunterlagen hinzuzufügen. Nutzen Sie diese Möglichkeit, um einen guten Eindruck zu machen!

Ob Sie nun Ihr Bewerbungsfoto auf einem Deckblatt mit Ihren persönlichen Daten ablichten oder lieber in Ihren Lebenslauf integrieren, ist Ihre Entscheidung. Wichtig ist, dass Sie sich mit Ihren Bewerbungsunterlagen wohlfühlen und davon überzeugt sind, Ihr Foto an der richtigen Stelle präsentiert zu haben.

Achten Sie auf die richtige Reihenfolge Ihrer Bewerbungsunterlagen. Die klassische Reihenfolge sieht so aus:

✔ Anschreiben entweder als E-Mail oder zum Beispiel als Anhang in Form einer PDF-Datei

✔ Lebenslauf

✔ Aktuelles Zwischenzeugnis oder das Zeugnis Ihres letzten Arbeitgebers

✔ Teilnahmebescheinigungen über Kurse/Veranstaltungen/Seminare, die Sie im Laufe Ihres Berufslebens erworben haben – beginnend mit der zeitlich gesehen aktuellsten bis hin zur ältesten

✔ Hochschulabschlusszeugnis – sofern Sie studiert haben und im Anschluss eventuell für Ihren Beruf wichtige Studienbescheinigungen

✔ Sonstige Zeugnisse – angefangen von Ihren beruflichen Zeugnissen bis hin zu Ihrem Schulabgangszeugnis, auch hier wieder mit dem aktuellsten beginnend

 Ihre Anlagen können sehr umfangreich sein. Je nachdem, wie lange Sie bereits im Berufsleben stehen und was Sie bereits alles gemacht haben. Was halten Sie von einem *Anlagenverzeichnis*, das Ihrem potenziellen Arbeitgeber einen Überblick über Ihre ganzen Aktivitäten gibt:

Meine Anlagen im Überblick

Arbeitszeugnisse

- Architekturbüro Sonne, Königstein
- Architekturbüro Ostertag, Maxdorf
- Architekten Maler und Sohn, Clausen
- Stukkateurbetrieb Meister, Sonthofen
- Gipser- und Malermeister van Osten, Bonn

Seminare/Praktika

- Grund- und Aufbaukurs MS-Windows
- Strategische Unternehmensführung
- Unternehmenscontrolling
- Praktikumszeugnis Bauhaus, Ladenburg
- Praktikumszeugnis Büro Heinrich, Lambsheim

Ausbildungs-/Schulzeugnisse

- IHK-Abschlusszeugnis zum Bürokaufmann
- Berufsschule, Lampertheim
- Realschule, Lampertheim

Mit Ihrem Anlagenverzeichnis betonen Sie Ihre Eigenschaften wie Ordnungssinn und strukturelles Denken und Handeln. Sie können als Anlagen auch Arbeitsproben oder Zusammenfassungen von Projekten beifügen. Wichtig ist, dass Ihre Anlagen übersichtlich geordnet sind und einen konkreten Bezug zu Ihrem angestrebten Job haben.

Eine weitere Möglichkeit, die Aufmerksamkeit Ihres potenziellen Arbeitgebers zu wecken, ist eine _Inhaltsübersicht._ Sie informieren damit wie in einem Sachbuch, was ihn auf den nächsten Seiten erwartet, zum Beispiel so:

Andrea Schimbeno, Diplom-Kauffrau, Holzstraße 10, 12345 Holzhausen, Telefon: 0177 / 777 777 99

Meine Bewerbungsunterlagen
für die Firma xy in Musterstadt
Herrn Xaver Meier

Inhaltsverzeichnis

- Persönliche Daten
- Beruflicher Werdegang
- Berufliche Schwerpunkte
- Besondere Kenntnisse
- Zu meiner Motivation
- Anlagenverzeichnis
- Anlagen

Sie können noch kreativer werden. Gestalten Sie die Seite mit Ihren persönlichen Daten als _Einleitungsseite,_ auf der Sie Ihrem potenziellen Arbeitgeber einige wesentliche Informationen über sich verraten. Ob Sie Ihr Bewerbungsfoto integrieren oder nicht, bleibt Ihnen überlassen. Eine Einleitungsseite kann so aussehen:

Ich darf mich vorstellen?

Persönliche Daten

Andrea Schimbeno
Diplom-Kauffrau
geboren am 10.03.1973
in Konstanz
wohnhaft in 12345 Holzhausen, Holzstraße 10
Telefon: 0177 / 777 777 99

Meine Kenntnisse, Erfahrungen und Fähigkeiten

Zurzeit Assistentin des Personalleiters
zuständig für die Bereiche Personalcontrolling und -monitoring
- Kenntnisse
  in Projekt- und Prozesssteuerung
- Erfahrung im Aufbau
  neuer Organisationsstrukturen
- Führungserfahrung
  Verantwortung für eine Gruppe von fünf Mitarbeitern
- Strukturierte zielorientierte Arbeitsweise
  insbesondere auch bei hoher Belastung

Mit der Dritten Seite, der Einleitungsseite und der Anlagenübersicht haben Sie Ihre Bewerbungsunterlagen um drei Dokumente ergänzt. Integrieren Sie diese Dokumente beim Einscannen Ihrer kompletten Unterlagen (siehe hierzu Kapitel 4).

✔ Anschreiben

✔ Einleitungsseite

✔ Lebenslauf

✔ Dritte Seite

✔ Aktuelles Zwischenzeugnis oder das Zeugnis Ihres letzten Arbeitgebers

✔ Teilnahmebescheinigungen über Kurse/Veranstaltungen/Seminare

✔ Hochschulabschlusszeugnis – sofern Sie studiert haben

✔ Sonstige Zeugnisse – angefangen von Ihren beruflichen Zeugnissen bis hin zu Ihrem Schulabgangszeugnis

Jetzt sind Sie bestens gerüstet für Ihre eindrucksvolle Online-Bewerbung.

Teil IV

Die Rückmeldung zu
Ihrer Bewerbung

The 5th Wave   By Rich Tennant

»Ihr Lebenslauf hat mich überzeugt. Es gibt nur wenige, die
unter Berufserfahrung Plündern erwähnen.«

In diesem Teil ... erfahren Sie, wann der richtige Zeitpunkt gekommen ist, um bei Ihrem potenziellen Arbeitgeber nach Ihren Bewerbungsunterlagen zu fragen – nicht nur um zu hören, ob alle Ihre Bewerbungsunterlagen angekommen sind, sondern um auch bereits ein Gefühl zu bekommen, welchen Eindruck Ihre Bewerbung gemacht hat. Dieser Teil bereitet Sie darauf vor, auf welche Reaktionen seitens Ihres potenziellen neuen Arbeitgebers Sie bei Ihrer Nachfrage gefasst sein sollten. Abschließend erfahren Sie, welche Wirkung Ihr Verhalten am Telefon auf den Gesprächspartner hat und wie Sie hier so manches Fettnäpfchen vermeiden können.

Sie dürfen gern nachfragen

In diesem Kapitel

▶ Sie müssen nicht ewig auf Antwort warten

▶ Wie geschickt können Sie fragen?

▶ Auch aus Absagen können Sie jede Menge lernen

*K*aum haben Sie Ihre Bewerbungsunterlagen erfolgreich online versandt, schon beginnt eine nicht enden wollende Wartezeit auf die Rückmeldung seitens Ihres potenziellen Arbeitgebers. Je mehr Zeit vergeht, desto ungeduldiger werden Sie. Sie fangen sogar an, auf einen Anruf Ihres potenziellen neuen Arbeitgebers zu hoffen, selbst wenn Sie noch gar nicht wissen, wie Sie am Telefon reagieren wollen. Warum rufen Sie Ihren potenziellen Arbeitgeber nicht einfach an?

Warten Sie nicht zu lange: Der richtige Zeitpunkt

Bevor Sie zum Hörer greifen und unüberlegt aufs Geratewohl hin fragen, ob Ihre Bewerbungsunterlagen angekommen sind, überlegen Sie erst einmal, welche Bestätigungen Sie bereits in Händen halten, dass Ihre Bewerbungsunterlagen an der richtigen Stelle hinterlegt sind.

Haben Sie Ihre vollständigen Bewerbungsunterlagen via E-Mail an Ihren Wunscharbeitgeber geschickt? Dann haben Sie eventuell – falls Ihr Mailprogramm über eine entsprechende Funktion verfügt – für Ihre Bewerbungsmail die Empfangsbestätigungsfunktion aktiviert. Vielleicht haben Sie zusätzlich noch eine Lesebestätigung angefordert? Sie haben dann also zwei Bestätigungsmails in Ihrem Posteingang:

✔ Eine, wenn Ihre Bewerbung beim Wunscharbeitgeber angekommen ist, und

✔ eine weitere, wenn Ihre Bewerbung gelesen wurde. Damit haben Sie zwei konkrete Empfangsdaten mit Datum und Uhrzeit.

Sie erinnern sich – wenn Sie beispielsweise Outlook verwenden: Bevor Sie Ihre Bewerbungsunterlagen per E-Mail verschicken, aktivieren Sie im E-Mail-Formular über die Symbolleistenschaltfläche OPTIONEN im Dialogfeld NACHRICHTENOPTIONEN (siehe Abbildung 12.1) unter ABSTIMMUNGS- UND VERLAUFOPTIONEN

✔ entweder die Option DIE ÜBERMITTLUNG DIESER NACHRICHT BESTÄTIGEN – Sie erhalten eine E-Mail des Empfängers, sobald Ihre Unterlagen angekommen sind.

✔ Und/oder die Option DAS LESEN DIESER NACHRICHT BESTÄTIGEN – Sie bekommen eine weitere E-Mail, sobald der Empfänger Ihre Nachricht gelesen hat.

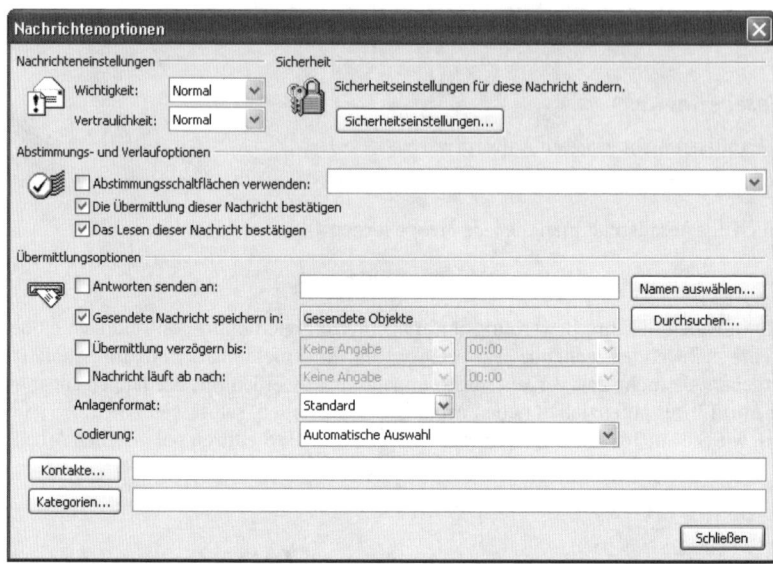

Abbildung 12.1: Aktivieren Sie die E-Mail-Nachrichtenoptionen.

Es kann allerdings durchaus sein, dass Ihr Wunscharbeitgeber genau diese Bestätigungsfunktionen deaktiviert und Sie daher keine Information erhalten, ob Ihre E-Mail angekommen ist und gelesen wurde. Machen Sie sich darüber keine Gedanken. Spätestens bei Ihrem Anruf erfahren Sie, ob Ihre Unterlagen angekommen sind.

Wenn Sie Ihre Bewerbungsunterlagen und persönlichen Daten auf der Website Ihres potenziellen Arbeitgebers gespeichert haben, wurde Ihnen am Ende des erfolgreichen Speichervorgangs eine Bestätigung zum Beispiel mit den Worten »Ihre Daten wurden erfolgreich erfasst. Haben Sie vielen Dank.« gegeben.

 Drucken Sie sich diese Bestätigungsmail aus. Sie ist der Nachweis für Ihre tatsächliche Bewerbung bei dem Unternehmen – also ein wichtiges Dokument, das Sie zu Ihren Bewerbungsunterlagen legen.

Oft folgt diesen wenigen freundlichen Worten ein Zusatz, in dem steht: »Sie erhalten in Kürze eine Bestätigung über den Eingang Ihrer Bewerbungsunterlagen per E-Mail.« Auch diese E-Mail sollten Sie ausdrucken und zu Ihren Bewerbungsunterlagen legen.

Ob Sie sich nun auf der Website Ihres Wunscharbeitgebers als Bewerber registriert haben oder Ihr Profil als Stellensuchender bei entsprechenden Websites und Diensten hinterlegen (siehe hierzu Kapitel 8, »Ihre eigene Stellenanzeige im Internet«), spielt keine Rolle: Sie erhalten in der Regel eine E-Mail mit dem Hinweis, dass Ihre Bewerbung angekommen ist. Somit haben Sie ein Dokument in Händen, das Datum und Uhrzeit Ihrer Bewerbung nachweist.

Schauen Sie sich das Datum ganz genau an. Liegt es zwei Wochen zurück? Dann können Sie jetzt bei Ihrem Wunscharbeitgeber nachfragen, was Ihre Bewerbung macht, ohne sofort als Drängler abgestempelt zu werden.

Zwei Wochen sind das absolute Minimum, das Sie abwarten sollten. Führen Sie sich vor Augen, dass eine Bewerbungsfrist bereits gut zehn bis vierzehn Tage dauern kann. Wenn Sie am Anfang einer Bewerbungsfrist Ihre Unterlagen versandt oder sich online beworben haben, warten Sie bitte bis mindestens zwei Wochen nach dem Ende der offiziellen Bewerbungsfrist, bevor Sie nachfragen. Sich drei Wochen lang in Geduld zu üben, ist auch noch völlig in Ordnung. Vier Wochen, somit also einen Monat lang auf »Wartegleis« gelegt zu sein, ist schon hart, aber heutzutage keine Seltenheit mehr.

Sie haben erfahren, dass Sie aktiv werden dürfen und nicht monatelang auf eine Antwort warten müssen. Jetzt erkläre ich Ihnen, wie Sie eine freundliche Auskunft bekommen und selbst einen guten Eindruck hinterlassen.

So bekommen Sie garantiert eine freundliche Antwort

Fallen Sie nicht gleich mit der Tür ins Haus. Überlegen Sie sich, wie Sie in das Gespräch einsteigen und was genau Sie Ihren potenziellen neuen Arbeitgeber fragen wollen. Sie könnten Ihr Gespräch folgendermaßen beginnen:

»Guten Tag. Mein Name ist Andrea Schimbeno. Ich habe mich am … auf Ihre ausgeschriebene Stelle als … beworben. Gerne hätte ich gewusst, ob Sie aufgrund meiner Bewerbungsunterlagen noch Fragen an mich haben?«

Sie finden einen solchen Start gewagt? Ein Gespräch mit *Guten Morgen* oder *Guten Tag* zu beginnen, ist immer ein freundlicher Einstieg. Nach diesen beiden Worten ist Ihnen in aller Regel auch die Aufmerksamkeit Ihres Zuhörers sicher, der bis zu diesem Zeitpunkt wahrscheinlich viele andere Dinge gemacht hat und nicht auf ein Telefonat vorbereitet war.

Sie nennen Ihren Namen mit Vor- und Nachname. Das macht Sie sympathisch. Im Anschluss sagen Sie, auf welche Stelle Sie sich beworben haben. So kann der Angerufene spätestens jetzt reagieren und nach seinem Stapel mit den Bewerbungsunterlagen für diese Position greifen, selbstverständlich auch online, um rasch Ihre Bewerbungsunterlagen zu finden.

Zu fragen, ob noch Fragen offen sind, ist schon ein bisschen gewagt.

✔ Entweder sagt der Angerufene: »Nein. Alles in Ordnung. Wir haben bislang keine Fragen. Der Bewerbungsprozess ist in vollem Gange, Sie hören in den nächsten Tagen/Wochen von uns.«

✔ Oder es beginnt eine kleine Frageorgie, auf die Sie vorbereitet sein sollten – sehen Sie sich dazu das nächste Kapitel, »Wenn Ihr neuer Arbeitgeber anruft«, einmal an.

Es kann passieren, dass Ihr Gesprächspartner Ihnen mitteilt, dass er Ihre Bewerbungsunterlagen nicht erhalten hat. Fragen Sie höflich nach, ob Sie Ihre Bewerbungsunterlagen noch einmal schicken können. Ihr Gesprächspartner wird kaum Nein sagen, wenn der Bewerbungsprozess noch nicht abgeschlossen ist. Das ist Ihre Chance:

✔ Schicken Sie Ihrem potenziellen Arbeitgeber Ihre Bewerbungsunterlagen per E-Mail.

✔ In der Betreffzeile nennen Sie die Stellenanzeige, auf die Sie sich bewerben.

✔ Formulieren Sie Ihre E-Mail mit einem freundlichen Text, zum Beispiel so:

Sehr geehrter/geehrte Herr/Frau ...,

vielen Dank für das freundliche Gespräch am ... Wie mit Ihnen besprochen/vereinbart, sende ich Ihnen meine Bewerbungsunterlagen.

Ich freue mich auf Ihre Antwort.

Mit freundlichen/herzlichen Grüßen

Unterschrift mit Vor- und Nachname

– Anlagen –

Senden Sie Ihre Bewerbungsunterlagen nicht kommentarlos zu. Sonst katapultieren Sie sich sofort aus dem Bewerberrennen. Das muss nicht sein.

Wenn Ihr Gesprächspartner Ihre Frage nur verneint, Ihnen sonst aber keine weitere Auskunft gibt, muss das noch nicht das Ende des Gesprächs sein.

Fragen Sie freundlich, bis wann Sie mit einer Antwort rechnen dürfen. Spätestens jetzt ist Ihr Gesprächspartner am Zug und muss eine Zeitangabe machen. Wie auch immer die dann ausfällt, geben Sie sich vorerst damit zufrieden.

Halten Sie diese wichtigen Angaben auf jeden Fall schriftlich fest. Zum Beispiel mit einer solchen Telefoncheckliste:

Anrufcheckliste

Anruf bei Firma ... (Namen des Unternehmens)
am ... (Datum)
mit Herrn/Frau ... (Ansprechpartner)

folgende Infos erhalten:

wie es weitergeht, soll ich bis zum ... (Datum) erfahren.

Sollten nach Ihrem Telefonat erneut Wochen vergehen, in denen Sie nichts von Ihrem potenziellen Arbeitgeber hören, bringen Sie sich spätestens nach sechs Wochen wieder in Erinnerung. Nur keine Hemmungen: Schließlich haben Sie Ihre Anrufcheckliste und können sich einfach uf das geführte Telefonat beziehen, in dem Ihnen zugesagt wurde, dass Sie bald/in den nächsten Tagen/in den nächsten Wochen eine Mitteilung erhalten werden, zum Beispiel so:

> »Guten Tag. Mein Name ist Doris Meier. Ich habe am ... mit Herrn/Frau ... telefoniert. Bei unserem Telefonat sagte mir Herr/Frau ..., dass ich in den nächsten Tagen eine Mitteilung hinsichtlich meiner Bewerbung erhalten werde. Da ich bislang nichts mehr von Ihnen gehört habe, melde ich mich heute nochmals telefonisch, um mich nach dem aktuellen Stand meiner Bewerbung zu erkundigen.«

Jetzt ist Ihr Gesprächspartner am Zuge, Ihnen zu sagen, wie weit das Bewerberauswahlverfahren in seinem Unternehmen fortgeschritten ist.

Absage? Davon geht die Welt nicht unter!

Sie warten lieber eine Ewigkeit auf Antwort, anstatt bei Ihrem potenziellen Arbeitgeber nachzufragen? Mal ehrlich: Absagen gehören schlichtweg zum Alltag. Mal erhalten Sie eine Absage von lieben Freunden, die aus irgendwelchen Gründen nicht zu Ihrer Party kommen können, und Sie sagen doch auch hin und wieder Termine ab, weil sie nicht in Ihre Planung passen. Aber wenn Ihnen Ihr Wunscharbeitgeber eine Absage erteilt, leidet Ihr Selbstwertgefühl.

✔ Sie glauben, dass Sie nicht qualifiziert genug sind, weil Sie eine Absage erhalten.

✔ Sie denken, andere können mehr als Sie und Sie haben kaum eine Chance, einen neuen Job zu finden. Sie nehmen eine Absage zum Anlass, um vor Selbstmitleid zu zerfließen und sich einzureden, dass Sie nie wieder einen Job bekommen werden.

Wie wäre es, wenn Sie ein wenig rationaler an das Thema Absage herangehen. Dass Ihnen der Arbeitgeber, bei dem Sie sich beworben haben, eine detaillierte Begründung gibt, warum Sie nicht als neuer Mitarbeiter infrage kommen, wird dank des Allgemeinen Gleichbehandlungsgesetzes so gut wie gar nicht vorkommen. Ein Arbeitgeber macht sich mit jeder Aussage, die er trifft, im Sinne des Allgemeinen Gleichbehandlungsgesetzes angreifbar. Und da nicht alle Bewerber so handzahm sind wie Sie, sondern viele sich nicht scheuen, rechtliche Schritte einzuleiten, um auf Biegen und Brechen an einen neuen Job zu kommen, werden Ihnen keine Gründe für eine Absage genannt. So viele Gründe kann es doch aber gar nicht geben:

✔ Sie haben Ihre Unterlagen nicht ordentlich und übersichtlich aufbereitet, sondern in einem heillosen Durcheinander an Ihren Wunscharbeitgeber gesandt? Pech. Lesen Sie noch einmal in Ruhe Kapitel 4, »So verschicken Sie Ihre Unterlagen online«. Verinnerlichen Sie, was Sie in diesem Kapitel lesen, damit Ihnen dieses Missgeschick in Zukunft nicht mehr passiert.

✔ Ihre Unterlagen sind zu spät angekommen, weil Sie nicht auf die Bewerbungsfrist geachtet haben? Da hilft nur eines: Beim nächsten Traumjob genauer hinsehen und vor allem die Unterlagen rechtzeitig wegschicken.

✔ Sie erhalten eine Absage, weil Sie nicht der Richtige für den Job sind? Wie genau haben Sie die angebotene Stelle analysiert? Haben Sie darauf geachtet, dass Sie nahezu alle Anforderungen erfüllen und Sie eventuell dort, wo Ihr Können nicht ausreicht, auf weiter gehende Qualifikationen verweisen können? Wenn nicht, haben Sie die Absage schlichtweg verdient. Bei Ihrer nächsten Bewerbung analysieren Sie die angebotene Position so, wie Sie es in Kapitel 3, »So werten Sie Stellenangebote aus«, lernen. Dann bleibt Ihnen diese Form der Absage erspart.

✔ Vielleicht haben Ihre Unterlagen dem Personaler auch einfach nur nicht gefallen. Wo Menschen sind, da herrscht Subjektivität, auch wenn Personaler angehalten sind, Bewerbungsunterlagen objektiv auszuwerten. Beweisen können Sie diese Antipathie nicht. Sie können die Situation nur nehmen, wie sie ist. Vielleicht war das dann doch nicht der Job für Sie. Womöglich hätten Sie sich bereits nach kurzer Zeit in diesem Unternehmen nicht mehr wohlgefühlt und hätten erneut auf die Suche nach einem neuen Job gehen müssen.

Erhalten Sie eine Absage bereits kurz, nachdem Sie Ihre Bewerbung online verschickt haben, hat Ihr Wunscharbeitgeber mit Sicherheit Bewerbungskriterien, die Sie nicht erfüllen. Diese elektronisch festgelegten Standardkriterien werfen Sie aus dem Bewerberrennen, wenn Sie sie nicht erfüllen. Oft wirft nicht einmal ein Personaler einen Blick auf Ihre Bewerbungsunterlagen. Die Absage wird automatisch mittels eines Computerprogramms erstellt.

Wenn Sie überzeugt sind, Ihren Traumjob gefunden zu haben, greifen Sie zum Telefonhörer und rufen Sie an. Sagen Sie, dass Sie eine Absage erhalten haben und das nicht nachvollziehen können. Machen Sie Ihrem Gesprächspartner klar, dass Sie der Richtige für diesen Job sind, sodass er Sie bittet, Ihre Unterlagen noch einmal zu senden und zwar zu seinen Händen. So haben Sie die Gewissheit, dass Ihre Bewerbungsunterlagen von einem Personaler und nicht von einem Computerprogramm geprüft werden.

Nehmen die Absagen kein Ende und Ihr Frust steigt von Tag zu Tag, wird es Zeit, dass Sie die Absagen analysieren. Nehmen Sie alle Stellenangebote, auf die Sie sich beworben und Absagen erhalten haben. Was haben diese Stellenangebote gemeinsam:

✔ Wird ein Studium gefordert, das Sie nicht haben?

✔ Ist Berufserfahrung notwendig, über die Sie nicht verfügen?

✔ Stehen da immer die gleichen beruflichen Qualifikationen und Sie erfüllen diese nicht?

 Machen Sie sich eine Checkliste, in der Sie alle Gemeinsamkeiten der Stellenangebote, auf die Sie eine Absage erhalten haben, eintragen.

Was ist gefordert?	Stelle/Absage 1	Stelle/Absage 2	Stelle/Absage 3
Studium			
Berufserfahrung			
Fachliche Qualifikationen			
Persönliche Qualifikationen			
Zusatzqualifikationen			

So bekommen Sie eine Vorstellung, warum Sie so viele Absagen erhalten haben.

Wie steht's mit Ihrem Anschreiben? Verwenden Sie immer das gleiche und passen es nicht auf das einzelne Stellenangebot an? Kein Wunder, wenn Sie dann eine Absage bekommen! Blättern Sie zu Kapitel 9, »So sieht das perfekte Anschreiben aus«, und lesen Sie nach, wie Sie sich mit wenigen Sätzen für Ihren Wunscharbeitgeber interessant machen können.

Absagen sind nicht gerade schön. Aber wer weiß, wofür sie gut sind? Der richtige Job wartet auf Sie und will von Ihnen gefunden werden. Also lassen Sie nicht locker. Machen Sie weiter und bewerben Sie sich auf die Stellenangebote, die Ihnen zusagen und für die Sie nach einer gründlichen Analyse geeignet scheinen.

Wenn Ihr potenzieller neuer Arbeitgeber anruft

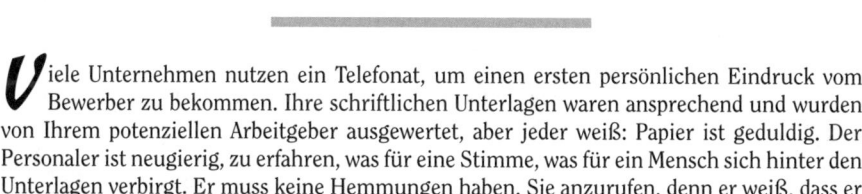

In diesem Kapitel

▶ Ordnung will gelernt sein

▶ Ihre einrucksvolle Wirkung am Telefon

▶ Ihr Gedächtnis ist gut, Ihre Notizen noch besser

*V*iele Unternehmen nutzen ein Telefonat, um einen ersten persönlichen Eindruck vom Bewerber zu bekommen. Ihre schriftlichen Unterlagen waren ansprechend und wurden von Ihrem potenziellen Arbeitgeber ausgewertet, aber jeder weiß: Papier ist geduldig. Der Personaler ist neugierig, zu erfahren, was für eine Stimme, was für ein Mensch sich hinter den Unterlagen verbirgt. Er muss keine Hemmungen haben, Sie anzurufen, denn er weiß, dass er in diesem Moment am längeren Hebel sitzt.

✔ Er ist auf sein Gespräch vorbereitet,

✔ er weiß, was er Sie fragen wird, und

✔ er wartet auf Ihre Antworten.

Sie dagegen werden von seinem Anruf überrascht und egal wo auch immer Sie dann gerade sind, müssen Sie sich auf diese Situation einlassen. Damit Sie nicht wortlos am Telefonhörer sind, gibt es ein paar Kleinigkeiten, die Ihnen das Leben erleichtern.

Wo sind nur Ihre Unterlagen?

Die haben Sie auf Ihrem Computer gespeichert. Aber haben Sie immer Zugriff auf Ihre Daten? Wenn nicht, müssten Sie erst einmal Ihren Computer starten und dann Ihre Dokumente im betreffenden Programm öffnen, um endlich ein vernünftiges Telefonat mit Ihrem Gesprächspartner führen zu können. Ihr potenzieller Arbeitgeber kann jederzeit anrufen. Sie müssen also in Ihrer Bewerbungsphase Ihre Bewerbungsunterlagen in Papierform vorliegen und strukturiert haben. Welche Unterlagen brauchen Sie auf jeden Fall?

✔ Das Anschreiben, das Sie an die Firma geschickt haben.

✔ Das Stellenangebot, auf das Sie sich beworben haben.

✔ Ihren Lebenslauf, den Sie der Bewerbung beigelegt haben.

✔ Vielleicht haben Sie aus dem Internet interessante Informationen zu der jeweiligen Firma ausgedruckt? Dann legen Sie diese ebenfalls zu Ihren Unterlagen.

Nachdem Sie wissen, welche Unterlagen Sie griffbereit halten müssen, können Sie diese wie folgt aufbewahren:

✔ In einem Ordner, alphabetisch nach den Firmen sortiert, bei denen Sie sich beworben haben.

✔ In Klarsichthüllen in einem Ablagekörbchen, wobei Sie der Übersichtlichkeit wegen den Namen der Firma, bei der Sie sich beworben haben, markieren sollten.

✔ In verschiedenfarbigen Klarsichthüllen mit einem Deckblatt, auf dem der Namen des Unternehmens steht, bei dem Sie sich beworben haben.

✔ Auf einem einfachen Heftstreifen aufgeheftet.

✔ So zusammengetuckert, dass Sie die Unterlagen ohne Mühen umblättern können.

 Büroklammern eignen sich nicht als Ordnungsinstrument, sie können sich verschieben oder wegrutschen, sodass Ihre Unterlagen durcheinandergeraten.

Bewahren Sie Ihre sortierten Bewerbungsunterlagen in der Nähe Ihres Telefons oder an einem _zentralen_ Ort, wie zum Beispiel Ihrem Schreibtisch, auf.

 Legen Sie sich zu Ihren Unterlagen einen Notizblock und Kugelschreiber bereit. So können Sie sich während des Telefonats mit Ihrem potenziellen Arbeitgeber Notizen machen. Wenn Sie Lust haben, können Sie sich eine eigene Checkliste vorbereiten. Die könnte zum Beispiel so aussehen:

Telefoncheckliste

Datum   _____

Uhrzeit   _____

Anrufer   _____

Folgendes wurde besprochen:

So gehen Ihnen keine wichtigen Informationen verloren. Was Ihre Unterlagen angeht, so sind Sie jetzt bestens auf einen Anruf Ihres potenziellen Arbeitgebers vorbereitet.

Anrufe bei lauter Geräuschkulisse

Sie sind irgendwo unterwegs, viele Menschen sind um Sie herum aktiv, womöglich herrscht ein reger Auto- oder Zugverkehr, sodass die Geräuschkulisse derart laut ist, dass Sie das Klingeln Ihres Handys kaum hören. Ihr potenzieller Arbeitgeber wird nicht sonderlich erfreut sein, wenn

Sie ihm ein »Wer ist am Telefon? Ich kann Sie schlecht verstehen! Rufen Sie später nochmals an!« ins Ohr brüllen. Damit haben Sie Ihren ersten guten Eindruck gründlich verspielt.

✔ Wenn Sie unterwegs sind und ein ruhiges Telefonat nicht möglich ist, aktivieren Sie Ihre Handy-Mailbox. So können Sie die Nachricht Ihres potenziellen Arbeitgebers später abhören und ihn zurückrufen, wenn Sie an einem ruhigen Ort sind und ungestört reden können.

✔ Womöglich waren Sie gerade auf dem Nachhauseweg? Dann können Sie in aller Ruhe von zu Hause aus Ihren potenziellen Arbeitgeber zurückrufen und sogar Ihre Bewerbungsunterlagen, die griffbereit sind, nutzen, um sich auf Ihr Telefonat vorzubereiten.

 Zu Hause achten Sie darauf, dass während Ihres Telefongesprächs Radio und Fernseher aus sind. Aus. Nicht nur leise geschaltet. Jede noch so kleine Ablenkung stört Ihre Konzentration und die brauchen Sie voll und ganz, damit Sie nicht ins Stottern oder gar völlig aus dem Konzept geraten.

Was tun, wenn der Anruf völlig ungelegen kommt

Werden Sie jetzt auf keinen Fall hektisch und versuchen Sie auch nicht, Ihr Telefonat auf Biegen und Brechen zu führen. Sagen Sie ehrlich, dass Sie momentan nicht telefonieren können, weil Sie unterwegs oder nicht allein sind. Wenn Sie Kugelschreiber und Notizblock zur Hand haben, notieren Sie sich den Namen und die Telefonnummer des Anrufers, und vereinbaren Sie mit ihm eine passende Uhrzeit, zu der Sie ihn zurückrufen:

»Guten Tag Herr/Frau Müller. Schön, dass Sie mich anrufen. Darf ich Sie zurückrufen? Wann passt es Ihnen denn? Habe ich Ihren Namen richtig verstanden?«

Ebenso gut kann es sein, dass der Anrufer spätestens bei Ihrem Rückrufangebot erkennt, dass Sie sich momentan nicht ungestört mit ihm unterhalten können. Wenn er Ihnen anbietet, sich nochmals zu melden, nehmen Sie sein Angebot an.

 Vereinbaren Sie auch in diesem Fall eine konkrete Uhrzeit, zu der Sie telefonieren werden. So können Sie sich auf Ihr Gespräch vorbereiten und Ihre Aufregung in den Griff bekommen.

Sie haben die einmalige Chance, bereits am Telefon einen guten ersten Eindruck bei Ihrem potenzielle Arbeitgeber zu hinterlassen.

Der erste Eindruck zählt: So wirken Sie am Telefon

Sie haben bei Ihrem Telefonat einen entscheidenden Vorteil: Ihr Gesprächspartner sieht Sie nicht. Damit sieht er Ihnen auch Ihre Aufregung nicht an. Ob Sie glühende Wangen haben, Ihnen Schweißperlen auf der Stirn stehen oder sich rote Flecken über Gesicht und Hals verteilen, kann Ihnen völlig egal sein. Im Gegenteil: Sie haben eine faszinierende Ausstrahlung! Auch am

Telefon. Durch den Klang Ihrer Stimme, Ihre Sprechgeschwindigkeit, Ihre Freundlichkeit und indem Sie Ihrem Gesprächspartner signalisieren, dass er Ihre volle Aufmerksamkeit hat.

✔ Lächeln Sie! Zaubern Sie ein Lächeln auf Ihr Gesicht, sobald Ihr Gesprächspartner sich meldet. Ihr Lächeln überträgt sich auf den Klang Ihrer Stimme. Begrüßen Sie Ihren Gesprächspartner freundlich mit einem »Guten Tag, Herr/Frau …«. Sie dürfen auch gerne sagen: »Es freut mich, dass Sie mich anrufen.«

✔ Dass Sie bei diesem Gespräch aufgeregt sind, ist völlig normal. Lassen Sie sich aber nicht von Hektik übermannen. Atmen Sie tief durch und hören Sie Ihrem Gesprächspartner aufmerksam zu.

✔ Signalisieren Sie Ihrem Gesprächspartner durch Worte wie »Ja«, »Aha«, »Hmm«, »Verstehe«, dass Sie seinen Ausführungen aktiv folgen und konzentriert bei der Sache sind.

✔ Sprechen Sie klar und deutlich – trotz Ihrer Aufregung. Schließlich soll der andere Sie verstehen können.

✔ Unterbrechen Sie den Anrufer nicht.

Sollten Sie Ihren Gesprächspartner nicht verstehen, dann sagen Sie das. Hüten Sie sich davor, Antworten zu geben, wenn Ihnen die Ausführungen oder Fragen Ihres potenziellen Arbeitgebers nicht klar sind. Fragen Sie lieber nach. Das ist gar nicht schwer:

»Habe ich Sie gerade richtig verstanden, dass ich … / dass Sie wissen möchten …«

»Entschuldigung, aber ich habe Sie eben akustisch nicht verstehen können. Wären Sie bitte so nett, noch einmal zu wiederholen, was Sie gerade gesagt haben?«

Auf solch freundliche Frage bekommen Sie eine ebenso freundliche Antwort. Natürlich sollten Sie nicht nach jedem Satz Ihres Gesprächspartners mit einer Rückfrage aufwarten. Das wäre ein K.o.-Kriterium für Ihre Bewerbung, weil Ihr Gesprächspartner so den Eindruck bekommt, dass Sie beide permanent aneinander vorbeireden.

Neigt sich das Telefonat seinem Ende zu, kommt es normalerweise zu einer konkreten Terminvereinbarung für Ihr persönliches Gespräch. Deshalb haben Sie auch Ihren Terminkalender stets dabei. Wo auch immer Sie hingehen.

Wenn das Gespräch zu Ende ist, denken Sie daran, den Anrufer genauso freundlich zu verabschieden, wie Sie ihn begrüßt haben. Ein

»Auf Wiederhören/Auf Wiedersehen. Ich freue mich, wieder von Ihnen zu hören.«

klingt nicht nur nett, sondern zeigt, dass Sie das Gespräch als angenehm empfunden haben. Und diese angenehme Empfindung wird auch Ihrem Gesprächspartner nicht verborgen bleiben.

Keine Angst vor Fragen

Der Anruf Ihres potenziellen Arbeitgebers kann durchaus den Grund haben, mehr über Sie erfahren zu wollen. Ihr potenzieller Arbeitgeber hat die Absicht herauszufinden, ob es sich für ihn lohnt, Sie persönlich kennenzulernen. Daher werden Ihnen am Telefon bereits Fragen gestellt, die in Vorstellungsgesprächen alltäglich sind. Das können ganz unterschiedliche Fragen sein.

Auf diese Fragen sollten Sie vorbereitet sein

Spielen Sie Fragen und Antworten durch. Nehmen Sie sich eine Person Ihres Vertrauens und bitten Sie sie, Ihnen klar und deutlich zu sagen, was sie von Ihren Antworten hält. Das gibt Ihnen sowohl Sicherheit für ein Telefonat mit Ihrem potenziellen Arbeitgeber als auch die Gewissheit, dass Ihre Antworten authentisch sind. Vorausgesetzt, Ihr Übungspartner teilt Ihnen wahrheitsgemäß mit, wie Sie und Ihre Antworten wirken. Welche Fragen erwarten Sie wohl:

✔ Warum haben Sie sich gerade bei unserem Unternehmen beworben?

Was für eine Frage! Ihre Antwort ist, dass Ihre Ausbildung und berufliche Weiterentwicklung genau auf diesen Job in eben diesem Unternehmen passt. Sie erfüllen die an diesen Job gestellten Anforderungen zu hundert Prozent. Gerne möchten Sie als neuer Mitarbeiter beweisen, dass das stimmt. Stehen Sie zu Ihrer Entscheidung – so wird der Anrufer Sie unwiderstehlich finden.

✔ Warum wollen Sie sich verändern?

Ihr alter Job gefällt Ihnen nicht mehr. Sie haben keine Lust mehr auf Ihren Arbeitgeber. Es kann viele Gründe haben. Doch sollten Sie diese Gründe nicht nennen. Mit negativen Aussagen erscheinen Sie nicht in positivem Licht. Erklären Sie Ihrem potenziellen Arbeitgeber, dass Sie in Ihrem jetzigen Job keine Veränderungs- und Weiterentwicklungsmöglichkeiten haben. Sagen Sie ihm, dass Sie nicht auf Ihrem Status quo verharren möchten, sondern Neues entwickeln wollen, innovativ und aktiv Ihr Können und Wissen im Job einbringen möchten. Und wer will keine Mitarbeiter, die beständig daran interessiert sind, sich und das Unternehmen weiterzuentwickeln?

✔ Haben Sie sich noch anderweitig beworben?

Sicher haben Sie das. Vor allem, wenn Sie aktiv auf Jobsuche sind. Machen Sie kein Geheimnis daraus. Beschränken Sie sich darauf, die Anzahl der Firmen, bei denen Sie sich ebenfalls beworben haben, zu nennen. Das ist vollkommen ausreichend als Antwort.

✔ Was machen Sie als Erstes, wenn wir Sie einstellen?

Als Erstes arbeiten Sie sich intensiv in Ihren neuen Job ein. Den wollen Sie nicht nur gut, sondern perfekt machen. Sie freuen sich auf Ihre neue Arbeit, sind neugierig und gespannt darauf, was Sie erwartet und wollen Ihre Leistungsfähigkeit unter Beweis stellen. Das ist die perfekte Antwort auf diese Frage.

✔ Wie steht's mit Ihrer Gehaltsvorstellung?

Auf diese Frage sollten Sie immer vorbereitet sein. Wurde in der Stellenanzeige nach Ihren Gehaltsvorstellungen gefragt und Sie haben aus taktischen Gründen keine Angaben in Ihrem Anschreiben dazu gemacht, wird Ihnen diese Frage ganz bestimmt am Telefon gestellt. Wenn Sie nicht mehr wissen, wie Sie geschickt antworten können, blättern Sie schnell zu Kapitel 9, »So sieht das perfekte Anschreiben aus«.

Es kann passieren, dass Ihr potenzieller Arbeitgeber Ihnen am Telefon Fragen stellt, mit denen Sie nicht unbedingt rechnen, wie zum Beispiel:

✔ Was macht Ihnen in Ihrem Job am meisten Spaß?

✔ Würden Sie sich auch heute für Ihren jetzigen Beruf entscheiden oder würden Sie lieber etwas ganz anderes machen?

✔ Warum haben Sie nicht studiert?

✔ Beschreiben Sie eine Situation in Ihrem Berufsalltag, in der Sie heftig unter Stress geraten sind. Wie sind Sie mit dieser Situation umgegangen?

✔ Wie verhalten Sie sich, wenn Ihr Vorgesetzter Sie permanent kritisiert?

✔ Verreisen Sie gerne?

✔ Wann haben Sie Ihr letztes Buch gelesen? Wovon handelte das Buch?

Es ist möglich, dass Ihr potenzieller Arbeitgeber aus Neugierde diese Fragen stellt, um herauszufinden, welcher Mensch sich hinter dem Bewerber verbirgt, oder um einfach nur Ihre Reaktion auf diese Fragen zu testen. Wie auch immer: Bleiben Sie authentisch und antworten Sie wahrheitsgemäß.

Natürlich können Ihnen auch ganz einfache Fragen gestellt werden, wie zum Beispiel Fragen zu Ihren persönlichen Daten oder zu Zeugnissen. Vielleicht sind Unterlagen nicht vollständig bei Ihrem potenziellen Arbeitgeber angekommen und Sie werden aufgefordert, diese nachzureichen. Oder es gibt Fragen zu Ihrem Lebenslauf. Egal welche Fragen kommen, bleiben Sie authentisch.

Haben Sie Fragen an Ihren potenziellen Arbeitgeber?

Es macht gar nichts, wenn Sie keine Fragen an Ihren Gesprächspartner haben. Sie dürfen ihm das gerne sagen, zum Beispiel so:»Danke der Nachfrage, aber ich habe im Augenblick keine Fragen an Sie.«

 Suchen Sie nicht krampfhaft nach irgendwelchen Fragen, nur weil Sie glauben, Ihren Gesprächspartner mit einer Frage beeindrucken zu müssen. Der Anrufer merkt schnell, ob Ihre Frage echt ist. Und Sie wollen nicht gekünstelt, sondern authentisch rüberkommen, nicht wahr?

Meistens ergibt Sie während des Telefonats die eine oder andere Frage. Stellen Sie die Frage gleich in dem Kontext Ihres Gesprächs. Sammeln Sie Ihre Fragen nicht, um sie am Gesprächsende wie eine Kanonensalve auf den Anrufer abzufeuern. Das ist nicht nur für Ihren Gesprächspartner unangenehm, es ist auch sehr schwierig für ihn, Ihnen die passende Antwort zu geben, weil der inhaltliche Zusammenhang zu Ihrer Frage nicht mehr gegeben ist.

Sie können sich auch vor dem Gespräch Fragen überlegen, die Sie Ihrem Anrufer stellen möchten:

✔ Wird in der Stellenanzeige von Sozialleistungen gesprochen und Sie möchten wissen, was darunter zu verstehen ist?

✔ Behauptet das Unternehmen international vertreten zu sein und Sie möchten wissen in welchen Ländern?

✔ Sie haben die Website Ihres potenziellen Arbeitgebers studiert und haben zu einigen Ausführungen Fragen?

✔ Macht Ihr potenzieller Arbeitgeber in der letzten Zeit häufig Schlagzeilen und Sie haben zu diesen Schlagzeilen einige Fragen?

 Bei negativen Schlagzeilen überlegen Sie gründlich, ob Sie Ihre Fragen unbedingt während des Telefonats stellen sollten oder nicht besser bis zu Ihrem Vorstellungsgespräch warten. Es besteht die Gefahr, dass Sie sich mit Ihrer Frage ansonsten aus dem Bewerberrennen katapultieren.

Schreiben Sie sich Ihre Fragen auf und legen Sie Ihren *Fragenkatalog* zu Ihren Bewerbungsunterlagen. Vielleicht erhalten Sie während Ihres Gesprächs automatisch Antworten auf Ihre Fragen und wenn nicht, können Sie Ihre Fragen am Ende des Gesprächs stellen.

Protokoll schreiben – nicht nur bei Meetings sinnvoll

Wie war Ihr Gespräch? Welchen Eindruck haben Sie von Ihrem Gesprächspartner? Wie heißt er gleich noch mal? Spätestens nachdem Sie Ihr Telefonat beendet haben, sollten Sie sich Notizen zu Ihrem Gespräch machen. Entwerfen Sie sich eine Checkliste, auf der Sie Ihre Eindrücke festhalten.

Sie haben sich bei vielen Firmen beworben und es kann sein, dass Sie ebenso viele Telefonate führen, bevor Sie zu einem Vorstellungsgespräch eingeladen werden. In irgendeiner Form, sei es in der Einladung oder im Vorstellungsgespräch selbst, kann auf das Gespräch Bezug genommen werden. Peinlich für Sie, wenn Sie nicht mehr wissen, was besprochen wurde! Ihre Checkliste hilft Ihnen,

✔ Ihre ganz persönlichen Empfindungen festzuhalten, ob es zum Beispiel ein angenehmes Gespräch war oder hektisch verlaufen ist,

✔ und kann zum anderen als Spickzettel zur Vorbereitung auf Ihr Vorstellungsgespräch dienen, damit Sie sich in Erinnerung rufen können, mit wem Sie worüber gesprochen haben.

 Ihre Checkliste könnte so aussehen:

So lief das Telefonat mit meinem potenziellen Arbeitgeber

Telefonat am: _____

Gesprochen mit: _____

Position in Firma _____ (z.B. Personalleiter)

Gespräch war _____

_____

(angenehm/informativ/ätzend/war froh, als es endlich vorbei war ...)

Folgende Inhalte wurden besprochen:
Folgende Fragen wurden mir gestellt:

_____

_____

_____

Folgende Aussagen habe ich gemacht/
Folgende Antworten habe ich gegeben:

_____

_____

_____

Wir haben folgenden Termin vereinbart für ein weiteres Telefonat/ein Vorstellungsgespräch:

_____

Bis zum _____ soll ich erfahren, wie es weitergeht.

Sie können diese Checkliste beliebig um all das ergänzen, was Ihnen wichtig ist.

 Wenn Sie wochenlang nichts mehr von Ihrem potenziellen Arbeitgeber hören, haben Sie die Möglichkeit nachzufragen, wie es um Ihre Bewerbung steht. Beziehen Sie sich auf das freundliche Telefonat.

Anrufbeantworter und Handy-Mailbox: Der feine Unterschied

Mailboxen sind eine tolle Erfindung. Erreicht man seinen Gesprächspartner nicht, kann man jederzeit eine Nachricht hinterlassen und um Rückruf bitten. Vorausgesetzt, die Mailbox ist aktiviert. Solange Sie sich in Ihrer Bewerbungsphase befinden, sorgen Sie dafür, dass Ihre Mailbox an ist.

 Nichts ist für einen potenziellen Arbeitgeber frustrierender als einen Bewerber, für den er sich interessiert, tagelang telefonisch nicht zu erreichen. Wenn Sie Glück haben, finden Sie womöglich noch ein Schreiben mit der Bitte um Rückruf in Ihrem E-Mail-Eingang oder in Form eines herkömmlichen Briefes im Briefkasten vor, aber in aller Regel katapultieren Sie sich mit Ihrer Nichterreichbarkeit aus dem Bewerberrennen.

Ihr Handy hat den großen Vorteil, dass Sie es überall dabeihaben können. Sie können somit Ihre Mailbox wo immer Sie gerade sind, abhören. Das bedeutet, dass Sie Ihren potenziellen Arbeitgeber auch schnell zurückrufen können, sobald Sie die Möglichkeit auf ein ungestörtes Telefonat haben. Mit Ihrem zügigen Rückruf unterstreichen Sie Ihr Interesse an dem neuen Job.

Ihren Anrufbeantworter zu Hause werden Sie, insbesondere wenn Sie berufstätig sind, erst nach Feierabend abhören können. Meistens ist dann auch Ihr potenzieller neuer Arbeitgeber nicht mehr im Büro. Es macht aber gar nichts, wenn Sie ihn am darauffolgenden Tag zurückrufen. Achten Sie wieder darauf, dass Ihr Rückruf in ungestörter Atmosphäre erfolgt, und nehmen Sie sich Zeit für das Gespräch. Wenn Sie unter Druck sind, sagen Sie das Ihrem Gesprächspartner ganz offen, und vereinbaren Sie sich zu einem späteren Zeitpunkt auf ein ausführliches Telefonat.

Seriöse Ansagetexte können Türen öffnen

Finden Sie es einladend, wenn Sie irgendwo anrufen und mit den Worten »Hallo, ich bin nicht da. Hinterlasst mir eure Nachricht nach dem Pieps.« begrüßt werden? Wenn Sie bei guten Freunden anrufen, ist das sicherlich für Sie in Ordnung, denn Sie kennen die Stimme und wissen, dass Sie die richtige Nummer gewählt haben.

 Ihr potenzieller neuer Arbeitgeber kennt aber weder Ihre Stimme noch Ihre Telefonnummer auswendig. Woher soll er bei einem solchen Ansagetext wissen, dass er auch tatsächlich eine Nachricht für Sie hinterlassen kann?

Auch wenn Sie seriöse Ansagetexte für altmodisch halten, besprechen Sie für die Zeit, in der Sie aktiv auf Jobsuche sind, Ihren Anrufbeantworter mit einem passenden Text. Wichtig ist, dass Sie Ihren vollständigen Namen nennen, damit der Anrufer weiß, dass er für Sie eine Nachricht hinterlassen kann. Das kann zum Beispiel so klingen:

»Guten Tag. Sie sind verbunden mit dem Anschluss von Thomas Klein. Ich bin zurzeit nicht erreichbar. Bitte hinterlassen Sie mir Ihren Namen und Ihre Telefonnummer und den Grund Ihres Anrufs nach dem Signalton. Vielen Dank.«

Oder so:

»Guten Tag. Sie sind verbunden mit dem Anschluss von Familie Mutz. Leider ist zurzeit niemand zu Hause. Bitte hinterlassen Sie uns Ihren Namen und Ihre Telefonnummer nach dem Signalton. Wir werden uns umgehend bei Ihnen melden.«

Oder auch:

»Hallo, hier ist der Anschluss von Lisa Wilke. Ich kann Ihren Anruf zurzeit nicht entgegennehmen. Wenn Sie wollen, können Sie mir Ihre Nachricht nach dem Signalton hinterlassen. Ich rufe Sie schnellstmöglich zurück. Auf Wiederhören.«

Hüten Sie sich davor, nur Ihre Telefonnummer zu nennen, zum Beispiel so:

»Hier ist der Anschluss 123456789. Hinterlassen Sie Ihre Nachricht nach dem Signalton.«

Bei einer solchen Ansage muss der Anrufer blitzartig Ihre Telefonnummer mit der angesagten Nummer vergleichen, um sich zu versichern, dass er tatsächlich Sie angerufen hat. Das ist nicht nur mühselig, sondern bringt den Anrufer erst mal aus dem Konzept. Erst muss er sich auf Ihre Nummer besinnen, diese schnell vergleichen und dabei noch überlegen, welche Nachricht er Ihnen hinterlässt.

 Denken Sie daran, dem Anrufer die Möglichkeit zu geben, dass er seinen Namen, den Grund seines Anrufs und eine Rückrufnummer hinterlassen kann. Die Aufnahmekapazität Ihres Anrufbeantworters muss entsprechend sein. Rufen Sie sich zum Test selbst an und sprechen Sie auf Band. So finden Sie ganz einfach heraus, ob die von Ihnen vorgegebene Sprechzeit für Anrufer wirklich ausreichend ist.

Achtung Handyfalle!

Für Ihre Handy-Mailbox gelten die gleichen Regeln wie für Ihren Anrufbeantworter. Auch hier ist ein seriöser Ansagetext erforderlich:

✔ Nennen Sie Ihren Vor- und Nachnamen, damit der Gesprächspartner weiß, wo er angerufen hat.

✔ Geben Sie dem Anrufer ausreichend Zeit, damit er seinen Namen, den Grund seines Anrufs und seine Rückrufnummer hinterlassen kann.

So machen Sie einen guten Eindruck und können sich zu einer Ihnen angenehmen Zeit mit Ihrem potenziellen Arbeitgeber in Ruhe in Verbindung setzen. Weiter so!

Teil V

Der Top-Ten-Teil

The 5th Wave — By Rich Tennant

»Also ich weiß nicht ... ich möchte meine Bewerbungsunterlagen
dieses Mal ungern per E-Mail verschicken. Schließlich bewerbe
ich mich bei einer Papierfabrik!«

In diesem Teil ... erhalten Sie zehn Tipps, damit Ihre Online-Bewerbung ein voller Erfolg wird. Sie bekommen bezüglich der technischen Feinheiten den letzten Schliff, damit Sie Ihren potenziellen Arbeitgeber von der ersten Sekunde an beeindrucken. Sie wollen beruflich gerne ins Ausland? Kein Problem, in Kapitel 15 erfahren Sie anhand von zehn Tipps, wie Sie sich auf Englisch bewerben und so Ihre Chance auf den passenden Job in Ihrem Traumland verdoppeln. In Kapitel 16 finden Sie abschließend nochmals eine Liste mit zehn interessanten Online-Jobanbietern, sodass Sie endlich mit der Suche nach Ihrem Traumjob starten können.

Zehn wichtige Tipps für Ihre Online-Bewerbung

*W*ie bei Ihrer schriftlichen Bewerbung können Sie auch bei Ihrer Online-Bewerbung jede Menge Fehler machen. Die folgenden zehn Tipps zeigen Ihnen, worauf Sie bei Ihrer Online-Bewerbung immer achten müssen und wie Sie Fehler vermeiden.

Welche Online-Bewerbungsformate akzeptiert das Unternehmen?

Schicken Sie nicht einfach auf gut Glück Ihre Unterlagen online los. Die Gefahr, dass Ihre Bewerbung nicht ankommt oder im Spam-Ordner Ihres Wunscharbeitgebers landet, ist viel zu groß.

Informieren Sie sich auf der Website oder per Telefon, in welcher Form Ihre Online-Bewerbung gewünscht ist. Möglicherweise erhalten Sie bei einem Telefonat sogar wichtige Hinweise von Ihrem potenziellen Arbeitgeber für Ihre Online-Bewerbung.

✔ Notieren Sie sich die Angaben zu Dateiformat, der maximalen Dateigröße und der erforderlichen Bewerbungsunterlagen.

✔ Manchen Unternehmen genügen Anschreiben und Lebenslauf, andere wollen Ihre komplette Bewerbungsmappe. Anschreiben und Lebenslauf können Sie als Word-Dokument an Ihren potenziellen Arbeitgeber senden. Ist Ihre komplette Bewerbungsmappe gewünscht, scannen Sie alle Unterlagen ein und stellen sie in der richtigen Reihenfolge in einem einzigen PDF-Dokument zusammen. Das sorgt für eine vertretbare Dateigröße und Ihr Wunscharbeitgeber hat alle Ihre Bewerbungsunterlagen auf einen Blick zur Verfügung.

Es kann durchaus passieren, dass Sie gebeten werden, Ihre Unterlagen besser schriftlich einzureichen, weil Firmen aufgrund der Datenmenge und möglicher Viren schlechte Erfahrungen mit elektronischen Bewerbungen gemacht haben. Schicken Sie auf keinen Fall Ihre Bewerbungsunterlagen als Loseblattsammlung an Ihren potenziellen Arbeitgeber. Kaufen Sie sich eine Bewerbungsmappe im Schreibwarenladen und fügen Sie Ihre Bewerbungsunterlagen in der richtigen Reihenfolge ein:

✔ Ihr Anschreiben liegt lose obenauf, da es das einzige Dokument ist, das Ihr Wunscharbeitgeber im Falle einer Absage behalten darf. Alle anderen Bewerbungsunterlagen muss er Ihnen zurücksenden. Daher können Sie diese auch in der Bewerbungsmappe einheften.

✔ Es folgt ein Deckblatt mit Ihren persönlichen Daten und, wenn Sie möchten, Ihrem Bewerbungsfoto.

✔ Dann kommt Ihr Lebenslauf.

✔ Zwischenzeugnis oder das Zeugnis Ihres letzten Arbeitgebers folgen.

✔ Hochschul- und/oder andere Zeugnisse vervollständigen Ihre Bewerbungsmappe.

Packen Sie Ihre Bewerbungsmappe in einen passend großen Briefumschlag, den Sie mit der vollständigen Anschrift Ihres Wunscharbeitgebers und ausreichend Porto versehen per Post versenden.

Absolut wichtig: Ihre seriöse E-Mail-Adresse

Ob Sie sich elektronisch oder herkömmlich auf Papier bewerben, ist vollkommen egal: Sie brauchen immer eine seriöse E-Mail-Adresse. E-Mail-Adressen wie hexe21@provider.de oder mivivo@provider.de klingen zwar lustig und finden in Ihrem privaten Umfeld Anklang, für Ihre Bewerbung aber sind sie völlig ungeeignet.

Nehmen Sie eine Kombination aus Ihrem Vor- und Nachnamen in Verbindung mit einem Provider, also zum Beispiel:

✔ nachname.vorname@provider.de

✔ nachname-vorname@provider.de

Wichtig ist, dass Ihr potenzieller Arbeitgeber erkennen kann, von wem die Bewerbungsunterlagen kommen und wem er antworten kann.

 Verschicken Sie Ihre Bewerbungen auf keinen Fall vom Firmenserver Ihres jetzigen Arbeitgebers. Sie können nicht ausschließen, dass Ihr potenzieller neuer Arbeitgeber Ihnen via E-Mail antwortet. Wie peinlich, wenn dann seine Antwort von Kollegen oder gar Ihrem Chef gelesen wird.

Achten Sie auf Ihre vollständigen Adressangaben

Prinzipiell genügt bei Ihrer elektronischen Bewerbung die Angabe Ihrer E-Mail-Adresse als Absender. Da Sie allerdings nicht wissen, in welcher Form Ihr potenzieller neuer Arbeitgeber mit Ihnen Kontakt aufnehmen wird, geben Sie auch Ihre vollständige Anschrift mit Telefonnummer an:

✔ Wenn Sie Ihr Anschreiben als E-Mail versenden, platzieren Sie Ihre vollständigen Adressangaben am Ende Ihrer E-Mail und auf Ihrem Deckblatt oder in Ihrem Lebenslauf.

✔ Bewerben Sie sich über die Website Ihres potenziellen Arbeitgebers, werden Sie aufgefordert, die vorgesehenen Adressfelder mit Ihren persönlichen Daten zu füllen.

Prüfen Sie vor dem Speichern nochmals, ob Sie auch nichts vergessen haben und Ihre Telefonnummer korrekt ist. Ob Sie Ihre Telefonnummer dem europäischen Standard entsprechend mit der Ländervorwahl +49 für Deutschland angeben, bleibt Ihnen überlassen. Außer Sie bewerben sich im Ausland; dann ist die Angabe der Ländervorwahl obligatorisch.

Vergessen Sie die Betreffzeile nicht

Besonders bei Bewerbungen per E-Mail muss anhand der Betreffzeile sofort klar sein, worauf Sie sich beziehen:

✔ Bewerben Sie sich auf eine Stellenausschreibung, geben Sie die Bezeichnung und das Datum der Stellenausschreibung in der Betreffzeile an:

   Ihre Stellenanzeige »IT-Spezialist vom 03.07.2008«

   »Bewerbung auf Ihre Stellenanzeige Assistent/in der Geschäftsleitung vom 05.08.2008«

✔ Haben Sie Ihren Wunscharbeitgeber nicht via Internet gefunden, sondern über ein anderes Medium, nennen Sie bei Ihrer elektronischen Bewerbung diese Fundstelle:

   »Ihre Stellenanzeige in der FAZ vom 18.06.2008 Versicherungsmakler/in«

✔ Kennziffern und Referenznummern sollten Sie vor allem bei Unternehmen, die viele Stellen ausschreiben, unbedingt angeben.

Je konkreter Sie Ihre Betreffzeile formulieren, desto schneller kann Ihre Bewerbung der richtigen Stelle zugeordnet und bearbeitet werden. Schließlich ist die Betreffzeile die Zeile, die Ihr potenzieller Arbeitgeber als Erstes in seinem elektronischen Posteingang sieht.

Der perfekte Dateianhang

Packen Sie nicht einfach alle Ihre Bewerbungsunterlagen in eine Datei und schicken Sie sie los. Überlegen Sie, welche Unterlagen für Ihre Bewerbung sinnvoll sind:

✔ Anschreiben

✔ Lebenslauf

✔ Bewerbungsfoto

✔ Zeugnisse und so weiter

Sind wirklich alle Unterlagen interessant für Ihren potenziellen neuen Arbeitgeber oder wecken Sie seine Neugierde bereits mit einem gut aufgemachten Anschreiben und Ihrem Lebenslauf? Wenn Sie Ihr Anschreiben unter Beachtung der AIDA-Formel (Attention – Interest – Desire – Action; Aufmerksamkeit – Interesse – Verlangen – Handlung) verfasst haben, wird sich Ihr potenzieller Arbeitgeber auf jeden Fall bei Ihnen melden, um Sie persönlich kennenzulernen.

Achten Sie darauf, dass Ihre Dateianhänge nicht zu groß sind und keine Viren enthalten. Sie wollen Ihren potenzielle Arbeitgeber schließlich begeistern und nicht gleich mit Ihrer elektronischen Bewerbung verärgern. Klären Sie vor dem Versand Ihrer Bewerbungsunterlagen mit Ihrem potenziellen Arbeitgeber ab, welches Format (in aller Regel PDF) gewünscht ist, damit Ihre Bewerbungsunterlagen auch unkompliziert gelesen werden können.

 Die Faustregel für Ihre Dateianhänge lautet: nicht größer als zwei Megabyte.

Ihr professionelles Bewerbungsfoto

Dass Ihr Arbeitgeber aufgrund des AGG (Allgemeines Gleichbehandlungsgesetz) von Ihnen kein Bewerbungsfoto verlangen kann, wissen Sie. Sie haben aber ein aussagekräftiges Bewerbungsfoto, das Sie Ihrem potenziellen Arbeitgeber schicken wollen? Dann machen Sie das auch. Das AGG verbietet Ihnen nicht, Ihr Bewerbungsfoto mitzuschicken.

Senden Sie Ihr Bewerbungsfoto aber nicht gesondert, sondern integrieren Sie es in Ihren Dateianhang:

✔ Sie können Ihr Bewerbungsfoto auf einem Deckblatt mit Ihren persönlichen Daten vor Ihrem Lebenslauf positionieren oder

✔ nach Ihrem Lebenslauf und vor Ihren Zeugnissen oder

✔ Sie integrieren Ihr Bewerbungsfoto in Ihren Lebenslauf.

Achten Sie darauf, dass Ihr Bewerbungsfoto ein professionelles Foto ist, das Sie mit entsprechend hoher Auflösung eingescannt haben, damit es auch in digitalisierter Form noch etwas hermacht.

Finger weg von Massen-E-Mails

Was signalisiert eine E-Mail mit Standardanschreiben, die nicht an einen konkreten Ansprechpartner, sondern übergeordnet an die Firma gerichtet ist? Hier ist ein Bewerber händeringend auf Jobsuche, hat aber keine Lust, sich mit seiner Bewerbung intensiv auseinanderzusetzen, geschweige denn sich über seinen potenziellen Arbeitgeber zu informieren.

Solche MassenbBewerbungsmails werden allerhöchstens überflogen, landen aber meist postwendend im Papierkorb beziehungsweise auf dem Absagestapel.

Formatierungen mit Bedacht (oder auch gar nicht) einsetzen

Aktuelle E-Mail-Programme erlauben Ihnen die Formatierung Ihrer Mails auf vielfältige Weise. Sie können munter über unterschiedlichste Schriften, Schriftfarben, Auszeichnungen, Texteffekte wie Laufschriften, Hintergrundbilder etc. verfügen, um Ihrer Bewerbung eine besondere Note zu verleihen. Lassen Sie's bleiben!

Abgesehen davon, dass nach dem Motto »viel hilft viel« formatierte Bewerbungsmails nicht unbedingt seriös rüberkommen, verfügt nicht jeder Empfänger Ihrer E-Mails über ein Mailprogramm, das auch alle die von Ihnen verwendeten Formatierungen umsetzen, das heißt am Bildschirm darstellen kann. Das kann im besten Fall zu einer unbeabsichtigten Darstellung führen, im schlechtesten Fall allerdings auch dazu, dass die gesamte Mail gar nicht angezeigt wird.

Gehen Sie deshalb – wenn überhaupt – sehr sparsam mit Formatierungen um. Und wenn Sie auf Nummer sicher gehen wollen, stellen Sie für Ihre Mails einfach das Format Nur Text ein, damit gibt es keine Darstellungsprobleme.

Kopieren hat so seine Tücken

Sie haben Ihr Anschreiben in einem Textverarbeitungsdokument entworfen, damit Sie es jederzeit auf ein Stellenangebot anpassen können. Es wäre praktisch, wenn Sie dann Ihr Anschreiben einfach nur markieren, kopieren und in Ihre E-Mail einfügen könnten. Das funktioniert in manchen Fällen nicht wie beabsichtigt und verursacht Ihnen dann eine Menge Arbeit, weil Sie nachbearbeiten müssen; beispielsweise werden Zeilenumbrüche und Einzüge selten eins zu eins übernommen.

Tippen Sie Ihre Formulierungen aus Ihrem Anschreiben ab und schicken Sie Ihre E-Mail als Test an sich selbst. So können Sie sehen, wie Ihre E-Mail (voraussichtlich) beim Empfänger ankommt, und können gegebenenfalls erforderliche Korrekturen vornehmen.

Achtung Fehlerteufel: Schreiben will gelernt sein

Formulieren Sie überlegt und überprüfen Sie vor dem Versand Ihre Bewerbungsunterlagen auf korrekte Rechtschreibung.

Für Ihre elektronische Bewerbung gelten dieselben inhaltlichen und formalen Regeln wie für eine schriftliche Bewerbung.

Bevor Sie Ihre Bewerbungsunterlagen einscannen, überprüfen Sie alle Textverarbeitungsdokumente wie Ihr Anschreiben, Ihren Lebenslauf und Ihre Dritte Seite auch mittels der im Programm verfügbaren Rechtschreib- und Grammatikprüfungsfunktion (siehe hierzu Kapitel 9, »So sieht das perfekte Anschreiben aus«).

Formulieren Sie Ihr Anschreiben direkt in Ihrer E-Mail, nutzen Sie auch dort die programminterne Rechtschreib- und Grammatikprüfung. Ein einziger Mausklick erspart Ihnen so viele Peinlichkeiten. Jetzt steht Ihrer Online-Bewerbung nichts mehr im Wege!

Zehn Tipps für eine Online-Bewerbung im Ausland

15

In diesem Kapitel

▶ So verschieden sind die Länder

▶ Was alles zu Ihrer Bewerbung gehört

▶ Wer Ihnen sonst noch mit Rat und Tat zur Seite steht

Andere Länder, andere Sitten

Egal in welchem Land Sie sich bewerben: Ihre Bewerbungsunterlagen müssen in der jeweiligen Landessprache verfasst sein oder zumindest in Englisch. Beherrschen Sie die Sprache Ihres Wunschlandes perfekt? Dann können Sie Anschreiben und Lebenslauf selbst verfassen.

Lassen Sie immer einen Muttersprachler Ihre Bewerbungsunterlagen Korrektur lesen. Sie wissen selbst, wie schnell sich Flüchtigkeitsfehler einschleichen, und es wäre peinlich, wenn Ihre Bewerbung wegen solcher Kleinigkeiten scheitern würde. Außerdem haben Muttersprachler oft noch einen Geheimtipp für Sie, damit Ihre Bewerbung gut bei Ihrem Wunscharbeitgeber ankommt.

Schreiben Sie auf keinen Fall Formulierungen aus Musterbewerbungen ab! Ihr potenzieller Arbeitgeber erkennt schnell, ob es Ihre eigenen Worte sind oder nicht. Wenn Sie vorgeschriebene Sätze aneinanderreihen, fehlt Ihrem Text jegliche persönliche Note. Sie wollen schließlich beweisen, dass Sie die Fremdsprache perfekt beherrschen.

Bevor Sie Ihre Bewerbung schreiben, informieren Sie sich über die Bewerbungsformalitäten und Aufenthaltsbestimmungen Ihres Gastlandes. Hierfür stehen Ihnen verschiedene Institutionen zur Verfügung:

✔ In Europa unterstützen Sie die EURES-Berater (siehe hierzu weiter hinten in diesem Kapitel mehr).

✔ Botschaften und/oder Konsulate der jeweiligen Länder helfen ebenfalls gern weiter (siehe hierzu weiter hinten in diesem Kapitel mehr).

✔ Wenn Sie sich für international tätige Firmen interessieren, nehmen Sie am besten Kontakt mit den deutschen Büros auf, um Ihre Fragen zu klären.

✔ Beraten werden Sie auch von der Bundesagentur für Arbeit, den auswärtigen Ämtern oder den Auslandshandelskammern (siehe hierzu weiter hinten in diesem Kapitel mehr).

Sind Sie selbst für Ihren »fremden« Job bereit?

In Kapitel 1, »Wissen Sie, was Sie wollen?«, haben Sie sich mit Ihren Persönlichkeitsmerkmalen beschäftigt und Ihr Persönlichkeitsprofil erstellt. Holen Sie dieses Blatt jetzt noch einmal hervor. Folgende Eigenschaften sind gefragt, wenn Sie den Schritt in ein anderes Land wagen wollen:

✔ Pioniergeist: Sind Sie Ihr eigener Wegbereiter, der sich allein in einem fremden Land zurechtfindet?

✔ Kontaktfreude: Ihre Aufgeschlossenheit gegenüber Menschen, anderen Sitten und Gebräuchen

✔ Anpassungsfähigkeit: Integrieren Sie sich schnell? Fühlen Sie sich rasch in fremden Ländern, Kulturen und Gepflogenheiten heimisch und können flexibel mit den veränderten Situationen umgehen?

✔ Selbstständigkeit: Glauben Sie, dass Sie sich ohne fremde Hilfe zurechtfinden? Sind Sie bereit, sich allein eine Wohnung zu suchen oder sich durch die Bürokratie eines fremden Landes zu kämpfen?

✔ Risikobereitschaft: Sie begeben sich in eine Ihnen fremde Welt – es könnte durchaus sein, dass Ihr Job so gar nicht Ihren Vorstellungen entspricht und Sie alles hinwerfen, um wieder in Ihre Heimat zurückzukehren. Sie sind also einem gewissen beruflichen und finanziellen Risiko ausgesetzt.

✔ Hohe Frustrationstoleranz: Sind Sie bereit und in der Lage, gerade am Anfang Ihrer neuen Tätigkeit Niederlagen und Enttäuschungen wegzustecken? Verfügen Sie über die nötige Motivation, um immer wieder positiv und mutig an Ihre Aufgaben heranzugehen?

✔ Willensstärke : Sind Sie stark und selbstbewusst genug, um Ihr Ziel, den neuen Job gut zu machen, auch unbedingt erreichen zu wollen?

Ohne gute Vorbereitung geht nichts

Sie wissen, in welchem Land Sie arbeiten wollen. Je besser Sie die landestypischen Verhältnisse und die Mentalität der Menschen dort kennen, desto besser können Sie darauf eingehen und desto größer ist Ihre Chance, Ihren Traumjob zu bekommen. Lernen Sie die Sprache Ihres Gastlandes so gut Sie nur können. Die richtigen Worte zur richtigen Zeit können so manche verschlossene Tür öffnen.

Ihre Fachkenntnisse sind ebenfalls nicht zu unterschätzen. Prüfen Sie, ob Ihre Fachkenntnisse in Ihrem Zielland gefragt sind. Wenn ja, sind Sie Ihrem neuen Job wieder ein großes Stück näher.

Antworten auf Ihre Fragen geben:

✔ Botschaften und Konsulate, die Ihnen Auskunft über Land, Leute und gefragte Fachkenntnisse geben können. Das Auswärtige Amt hält die vollständigen Adresslisten der ausländischen Vertretungen und internationaler Organisationen unter folgendem Link für Sie bereit:

`www.auswaertiges-amt.de/diplo/de/Laenderinformationen/Vertretungen FremderStaaten-Laenderauswahlseite.jsp`

Sie bekommen einen Überblick über:

- Vertretungen fremder Staaten in Deutschland als PDF-Datei

- Vertretungen fremder Staaten in Deutschland als TXT-Datei im ZIP-Format

- Internationale Organisationen in Deutschland als PDF-Datei

Diese Dateien enthalten alle Informationen über den Sitz der jeweiligen Organisation, die konkreten Ansprechpartner mit ihren Zuständigkeiten und Kontaktdaten. Ebenso finden Sie alle Adressen der deutschen Auslandsvertretungen in anderen Ländern. Ein konsularischer Service rundet das Angebot des Auswärtigen Amtes ab (siehe Abbildung 15.1):

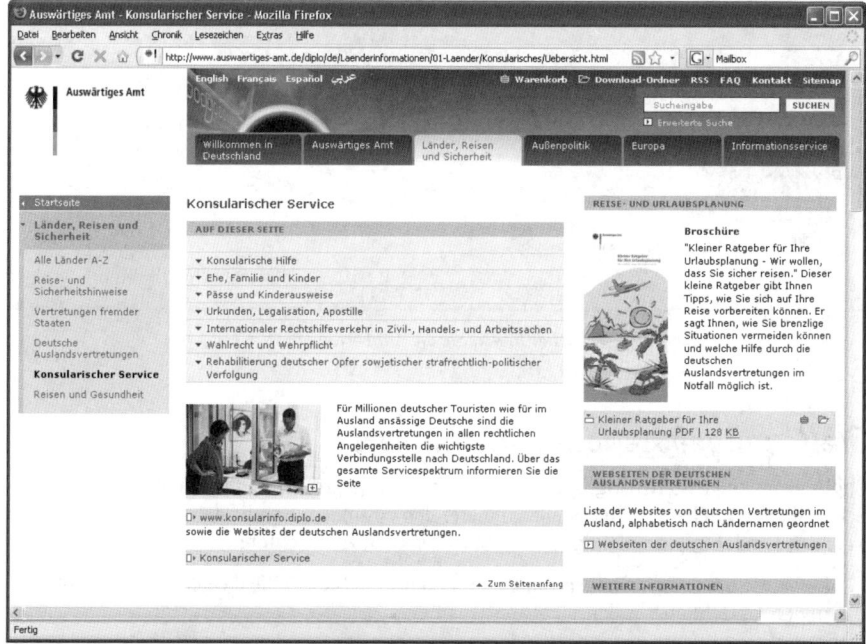

Abbildung 15.1: Der konsularische Service lässt keine Fragen offen.

✔ Das europäische Portal EURES hält ausführliche und nach Regionen abrufbare Informationen zum Arbeitsmarkt in allen EU-Ländern unter `ec.europa.eu/eures/` bereit.

✔ Sie können bei der Bundesagentur für Arbeit nachfragen. Und unter www.bundesverwaltungs amt.de finden Sie Merkblätter mit Informationen zu Arbeitsverträgen, Versicherungen, Einreisebestimmungen und so weiter.

Abbildung 15.2: Hier finden Sie die Antworten auf Ihre Fragen.

Stellenangebote lesen sich anders

Englischsprachige Stellenangebote sind genauso aussagekräftig und informativ wie deutsche. Schließlich wünschen sich die Stellenanbieter den optimalen Kandidaten für den Job, egal in welchem Land. Ein paar Kleinigkeiten gibt es dennoch zu beachten:

✔ Lesen Sie das Anforderungsprofil genau und prüfen Sie, ob Sie die geforderten Qualifikationen tatsächlich erfüllen.

✔ Es werden in der Anzeige konkrete Gehaltsangaben gemacht. Die Gehaltsangaben erfolgen immer als Jahresgehalt.

✔ Achtung: Urlaubs- und Weihnachtsgeld sind unbekannt.

✔ Sie sollten Ihr Gehalt nicht verhandeln, es sei denn, hinter der Gehaltsangabe steht der Zusatz »neg.«, was negotiable, also verhandelbar bedeutet.

✔ Referenzen früherer Arbeitgeber sind obligatorisch.

 In englischsprachigen Stellenanzeigen werden fast immer konkrete Ansprechpartner genannt. Fragen Sie bei diesen nach Ihrem Traumjob. Ihr Interesse wird in der Regel positiv beurteilt! Und Sie stellen natürlich auch die richtigen Fragen.

Ihr Lebenslauf auf Englisch

Bei Bewerbungen im europäischen Ausland sollte Ihr Lebenslauf eine bis maximal zwei Seiten umfassen. Eine Ausnahme bilden die Niederlande: Hier darf Ihr Lebenslauf gern länger als zwei Seiten sein und Sie können Ihre Tätigkeiten auch gern ausführlicher beschreiben.

In kurzer tabellarischer Form stellen Sie chronologisch die wichtigsten Stationen Ihres beruflichen Werdegangs vor.

 Die Chronologie des Lebenslaufs variiert von Land zu Land. Informieren Sie sich daher vorab, welche Chronologie in Ihrem Wunscharbeitgeberland üblich ist.

In Ihren englischsprachigen Lebenslauf gehören:

✔ Persönliche Angaben (Name, Geburtsdatum und -ort, Staatsangehörigkeit und Familienstand)

✔ Ausbildung (Schule, Beruf, Studium)

✔ Praktika

✔ Berufserfahrung

✔ Besondere Kenntnisse wie EDV und/oder Sprachen

 Vergessen Sie nicht zu erwähnen, dass Sie Ihre Muttersprache perfekt beherrschen.

✔ Sonstiges wie Hobbys oder soziales Engagement können Sie zwar angeben, Sie sollten aber wissen, dass Ihr potenzieller Arbeitgeber diesen Angaben nicht unbedingt viel Beachtung schenkt. Für ihn sind vor allem Ihre beruflichen Kenntnisse und Erfahrungen wichtig.

 Wichtig ist, dass Sie in Ihrem Lebenslauf deutlich machen, dass Sie auf die ausgeschriebene Stelle passen. Hier ein Muster eines englischen Lebenslaufs:

Curriculum Vitae

PERSONAL INFORMATION

Name	Nachname, Vorname
Address	Hausnummer, Straße, Postleitzahl, Ort, Land
Telephone	
Fax	
Email	
Nationality	
Date of birth	Tag, Monat, Jahr

WORK EXPERIENCE

- Dates (from – to) — Zuerst der aktuelle Job
- Name and address of employer — Name und Anschrift Ihres Arbeitgebers
- Type of business or sector — Branche
- Occupation or position held — Berufsbezeichnung
- Main activities and responsibilities — Hauptaufgaben und Verantwortungsbereiche

EDUCATION AND TRAINING

- Dates (from – to) — Starten Sie mit dem Aktuellsten
- Name and type of organisation providing education and training — Name und Funktion der Weiterbildungs-einrichtung (Berufsschule, Fachschule ...)
- Principal subjects/occupational Skills covered — (vorläufiger) Abschluss/Diplom
- Title of qualification awarded — Titel im Rahmen Ihres Berufs

PERSONAL SKILLS AND COMPETENCES

Mother Tongue	Muttersprache
Other Languages	weitere Fremdsprachen kategorisiert nach:
• Reading skills	Indicate level: excellent, good, basic
• Writing skills	Indicate level: excellent, good, basic
• Verbal skills	Indicate level: excellent, good, basic

SOCIAL SKILLS AND COMPETENCES

Hier beschreiben Sie, welche Soft Skills wie etwa Teamfähigkeit oder Kommunikationsfähigkeit Sie bei welchen Tätigkeiten oder in welchen Organisationen erworben haben.

ORGANISATIONAL SKILLS AND COMPETENCES

Beschreiben Sie, in welchen Organisationen oder Vereinen Sie tätig sind und welche Kompetenzen Sie hier zum Beispiel bezüglich der Organisation von Projekten oder der Überwachung von Budgets unter Beweis stellen.

TECHNICAL SKILLS AND COMPETENCES

Beschreiben Sie alle Ihre IT-Kenntnisse, Computerprogramme, die Sie beherrschen, und so weiter.

ARTISTIC SKILLS AND COMPETENCES

Hier ist Platz für Ihre musischen und künstlerischen Veranlagungen.

OTHER SKILLS AND COMPETENCES

Wenn es weitere Kompetenzen und Soft Skills gibt, die für Ihren Job wichtig sind, dann ist hier der Platz, um sie zu nennen.

DRIVING LICENCE(S)   Angaben zu Führerschein und Fahrerlaubnis

ADDITIONAL INFORMATION

Hier können Sie Referenzen und Kontaktpersonen angeben, die für Ihren neuen Job hilfreich sein können.

ANNEXES   Anhang – hier listen Sie nacheinander alle Dokumente auf, die Sie mit Ihrer Bewerbung mitsenden.

Der Umfang Ihres Lebenslaufs ist somit abhängig von Ihrer Berufserfahrung und Ihren Qualifikationen. Er kann zum Beispiel so aussehen:

Resume

Christopher Adlung
Mannheimer Straße 36a
D-68519 Viernheim
Germany
0049 – 6205 65428
chris.adlung@gmx.de

Internship Goal   To work for AXA insurance company in order to practice my marketing/sales

and business skills and define my future career goals in the field of marketing/sales and controlling, by actively contributing to day-to-day or project work. As arranged in my study schedule I will spend my fifth and sixth semester in the United States from August 2009 to July 2010.

Education   Candidate for Bachelor of Arts, August 2010
University of Applied Sciences at Ludwigshafen
Major: Controlling
Minor: Management and Information
Elective Courses: Marketing, Spanish, Business English

Apprenticeship as Insurance Business Management Assistant (IHK), AXA Insurance, Mannheim
September 2004 – June 2007

High School Diploma (Abitur / A-Level)
Albertus-Magnus-Gymnasium, Viernheim,
September 1994 – June 2003

Related Experience   Insurance agent (self-employed) at AXA insurance, Mannheim
Counselling clients; sales
September 2005 – present

Intern at Key-Account-Management of www.absolventa.de, Berlin
Consulting companies to match graduates and young professionals
July 2008 – present

Assistant Executive Board at Gastro-Service, Mannheim
Responsible for organizing staff times, wage accounting, sales, marketing, and consulting service
February 2006 – January 2008

Sales clerk at DM Drugstore, Mannheim
General sales and cashier activities
2002 – 2004

Special Skills
Computer: MS Office applications, Windows XP and Vista

Additional Qualification: Qualifying certificate to educate (IHK)

Languages: German (native language), fluent in English and basic skills in French and Spanish

Sports: Jogging, Tennis, and Swimming

Other activities: Active member of stock exchange association at the University of applied science in Ludwigshafen, responsible for organizing projects for new members

References
Available upon request

Ihr Anschreiben auf Englisch – wirklich so anders?

Sie wissen es: andere Länder, andere Sitten. Ihr Anschreiben für potenzielle Arbeitgeber im Ausland muss so prägnant wie möglich erläutern, warum gerade Sie für den Job der Richtige sind. Ihr Anschreiben sollte nicht länger als eine Seite sein.

Achten Sie auf einen höflichen Stil. Flapsigkeiten, die Sie womöglich aus Au-pair-Aufenthalten kennen, haben in Ihrem Anschreiben nichts verloren.

Verwenden Sie aktive Verben wie zum Beispiel:

✔ create   schaffen, gestalten, entwerfen

✔ perform   arbeiten, leisten, ausüben

✔ improve   verbessern, verfeinern

✔ achieve   durchführen, erreichen, erfolgreich sein

All diese Verben drücken Ihr Engagement und Ihre Bereitschaft aus, etwas erreichen zu wollen.

In vielen Ländern gibt es stilistische Tipps und Tricks, um Ihr Anschreiben zu perfektionieren. Suchen Sie die Hilfe und den Rat eines Muttersprachlers, der sich mit Bewerbungen auskennt.

Wenn Sie ein Visum besitzen, weil Sie zum Beispiel an einem Programm für Praktikanten oder Trainees teilnehmen, weisen Sie unbedingt in Ihrem Anschreiben darauf hin. Ihr potenzieller Arbeitgeber weiß somit, dass er in diesem Punkt keinerlei Umstände mehr mit Ihnen haben wird. Das steigert Ihre Chancen als Bewerber ungemein.

Ihr Anschreiben kann auf Englisch zum Beispiel so formuliert sein:

AXA Private Equity
att. Anne Marion-Delpont
20, place Vendôme
75001 Paris
France

Christopher Adlung
Mannheimer Straße 36a
D-68519 Viernheim
Germany
049 – 6204 65428
platinum_chris@gmx.net

March 28, 2009

Dear Ms. Marion-Delpont,

Having finished the first part of the Economics program at Ludwigshafen University of Applied Science, I wish to supplement my studies by a three-months-period of practical work and training.

As you can see from my enclosed resume, I gained substantial experience in economical thinking and acting during my Insurance Business Management Apprenticeship with AXA Insurance in Mannheim, Germany. In addition to my state-recognized professional business certificate, I decided to further my knowledge in economics and related fields and improve my analytical thinking by enrolling in a combined bachelor program in September 2007. Because this program is conducted in English, I have also been able to improve my language skills significantly.

Making use of and applying the skills I have so far acquired, I would very much appreciate the opportunity to work for AXA Insurance USA during my upcoming university summer break between July 17th and October 1st, in order to deepen my controlling, marketing / sales, and language skills and to join AXA's workforce by contributing to any work area where my expertise can be utilized.

I would like to add that, I will personally take care of tasks about visa and all related formalities. I really would like to work for you in my semester break, so I will make sure not to cause any expenses on your part.

Thank you for your time and consideration. Please do not hesitate to contact me should you require any additional information or further references which are readily available. I look forward to hearing from you.

Sincerely,

Christopher Adlung

Enclosure: Resume

Ihre Zeugnisse und Referenzen

Die Schul- und Ausbildungssysteme sind europaweit sehr unterschiedlich. Kaum ein ausländischer Personalverantwortlicher kann sich unter den in Deutschland üblichen Hochschulabschlüssen etwas vorstellen.

Bei unterschiedlichen Notensystemen ist es deshalb sinnvoll, Vergleichswerte anzunehmen. Haben Sie zum Beispiel Ihr Abitur mit einem Notendurchschnitt von 1,5 absolviert und etwa 10 Prozent aller Abiturienten auch oder sogar noch besser, dann heißt das für Sie: Sie gehören zu den Top Ten.

Was die Bezeichnung Ihres Abschlusses oder Ihres Hochschulabschlusses angeht, können Sie die deutsche Bezeichnung verwenden und in der jeweiligen Landessprache erklären, sofern es keine konkrete Übersetzung als Begriff gibt. Umschreiben Sie Ihren Hochschulabschlusses so, dass der ausländische Personaler eine Vorstellung davon hat, was Sie alles können.

Viel wichtiger als Ihre Zeugnisse sind im Ausland Ihre Referenzen. Besonders im englischsprachigen Raum ist ein »Letter of Recommendation« üblich. Ein Referenzschreiben ist nichts anderes als ein Empfehlungsschreiben: Ihr ehemaliger oder Noch-Arbeitgeber empfiehlt Sie, indem er Ihre Leistungen und Ihr Verhalten beurteilt. Allerdings wird er selten das Referenzschreiben in der von Ihnen gewünschten Landessprache formulieren (können). Referenzen sind Empfehlungsschreiben, die einem qualifizierten Arbeitszeugnis sehr ähnlich sind.

Ein gutes Referenzschreiben enthält folgende Aussagen:

✔ Art, Struktur und Dauer des Arbeitsverhältnisses

✔ Wesentliche Aufgaben und Tätigkeitsbereiche

✔ Nennung der besonderen Leistungen und Erfolge

✔ Fachwissen, berufliche Fähigkeiten und Erfahrungen

✔ Leistungsbereitschaft und Engagement

✔ Qualität und Quantität der Arbeitsergebnisse

✔ Loyalität und Zusammenarbeit

✔ Allgemeine, zusammenfassende Wertschätzung

✔ Grund für das Ende des Arbeitsverhältnisses

✔ Entsprechende Empfehlungsformulierung für den zukünftigen Arbeitgeber

 Ihr Referenzschreiben kann zum Beispiel so aussehen:

Referenz

Die Vertriebsassistentin Andrea Schimbeno, geboren am 16. Mai 1966, ist mir seit 1980 bekannt. Sie hat in unserem Unternehmen immer wieder im Rahmen von Urlaubs- und Schwangerschaftsvertretungen gearbeitet.

Durch ihr außerordentlich freundliches, verbindliches Auftreten gepaart mit ihrem optimistischen Wesen ist sie in unserem Unternehmen und bei unseren Kunden eine sehr geschätzte und gefragte Ansprechpartnerin, die auch aufgrund ihrer sehr guten Umgangsformen zu beeindrucken weiß. Frau Schimbeno verfügt über sehr fundierte, breite Fachkenntnisse und ist eine absolut loyale Mitarbeiterin, die aus meiner Sicht für eine Führungsposition bestens geeignet ist. Gerne empfehle ich Ihnen Frau Schimbeno und stehe Ihnen für ein persönliches Gespräch zur Verfügung. Ich bin überzeugt, dass Frau Schimbeno die in sie gesetzten Erwartungen zu Ihrer vollsten Zufriedenheit erfüllen wird.

Frankfurt, 27. Juli 2009

Karl August Muster

 Lassen Sie Ihr Referenzschreiben von einem qualifizierten Übersetzungsbüro übersetzen. Dort kennt man die Sprachgepflogenheiten und Schlüsselwörter des jeweiligen Landes und gibt Ihnen mit dem übersetzten Referenzschreiben einen qualifizierten Leistungsnachweis an die Hand.

 Auf Englisch kann ein Referenzschreiben zum Beispiel so formuliert sein:

Reference letter   Berlin, September 30th 2008

To whom it may concern:

This is to certify that Christopher Adlung, born September 30th, 1983, completed an internship with ABSOLVENTA GmbH between July 10th and September 30th, 2008 in the Key-Account-Management Department.

ABSOLVENTA is a job platform by graduates for graduates that turns the process of job applications upside down. Companies recruit their future employees through ABSOLVENTA's very innovative technology and high level service.

Within the Key-Account-Management Department, Christopher was involved in a variety of tasks:

Daily Business, for example, customer acquisition and management of existing customers. He also corresponded with English speaking customers and thus improved his language skills.

Researching tasks, for example, finding attractive candidates for interested companies

His project work that he voluntarily developed included:

The improvement of the Affiliate Partnership Program which instructs affiliates nationwide through corresponding courses of instruction.

The creation of Sale-Force™ training, which introduces an integrative method that allows a more efficient and consistent management of all customers.

The introduction of a psychological test designed to assess the ability of potential employees and interns in the sales and marketing areas and thus to more efficiently assign them to a particular department or project. Using this test he successfully reviewed and hired new members to the team at ABSOLVENTA.

In all his assignments Mr. Adlung showed great commitment. He proved to be a highly motivated, hard working and helpful team member, always willing to add value to the project or task at hand over and above his specific area of responsibility.

Because of is attention to detail and commitment to deliver – even under difficult circumstances and time pressure – all other team members were able to trust him fully.

Christopher showed strong analytical and business sense when preparing his work, going beyond what is ordinarily expected from an intern.

His work was highly regarded by all of his colleagues and he was accepted as a full member of the team. His open and pleasant character enabled him to integrate smoothly into the team as well as to convince clients.

We would gladly have him work for us again once he has finished his studies.

We thank him for his valuable contribution and wish him all the best for the future.

For further information on Mr. Adlung, you can contact me at any time.

Ann-Carolin Helmreich
Head of Key-Account-Management
Absolventa GmbH

Informieren Sie sich vorab bei Ihrem Wunscharbeitgeber, ob Zeugnisse und/oder Referenzen gewünscht sind. Liefern Sie in beiden Fällen das Original mit einer qualifizierten Übersetzung ab. Dann kann nichts schiefgehen.

Bitte lächeln: Ihr Bewerbungsfoto

In den meisten europäischen Ländern wird auf Bewerbungsfotos verzichtet. Es gibt aber durchaus Länder, in denen Ihr Bewerbungsfoto ein fester Bestandteil der Bewerbung ist: beispielsweise Italien, Portugal und Spanien. Allerdings erwartet man in diesen Ländern kein professionelles Bewerbungsfoto, ein Standardpassbild ist ausreichend. Aber nur, wenn es auch ein gutes Passbild ist!

Hier finden Sie Hilfe

Wenn Sie sich im Ausland bewerben, gibt es sicher viele Fragen, auf die Sie eine Antwort haben möchten. Bei den nachstehenden Adressen finden Sie qualifizierte Hilfe:

✔ European Employment Services (EURES) steht Ihnen unter `ec.europa.eu/eures/` mit Rat und Tat rund um Ihre Bewerbung im Ausland zur Seite.

✔ Die Bundesagentur für Arbeit hält einen Europaservice für Sie bereit unter `www.europaserviceba.de`.

✔ Beim Bundesverwaltungsamt (`www.bundesverwaltungsamt.de`) stehen Infobroschüren für Auswanderer bereit.

✔ Selbstverständlich bekommen Sie auch bei den deutschen Auslandshandelskammern unter `www.ahk.de` Informationen.

✔ Und auch das Auswärtige Amt steht Ihnen unter `www.auswaertiges-amt.de` für Ihre Fragen zur Verfügung.

Online bewerben im Ausland

Online-Bewerbungen funktionieren hier genauso wie in Deutschland auch.

Sie registrieren sich auf der Website Ihres Wunscharbeitgebers, füllen dessen Online-Bewerbungsformulare aus und speichern sie ab. In Kapitel 6, »Die standardisierte Online-Bewerbung«, erfahren Sie, wie das geht.

Oder Sie senden Ihrem Wunscharbeitgeber eine E-Mail, die Anschreiben, Lebenslauf und die geforderten Zeugnisse und/oder Referenzen enthält. Sie sollten dabei unbedingt auf die Größe Ihrer angehängten Dateien achten. Zwei Megabyte sollten Sie auch hier auf keinen Fall überschreiten. Wenn Sie nicht genau wissen, wie das mit dem Bewerben per E-Mail geht, blättern Sie zu Kapitel 5.

 Ihre E-Mail-Adresse ist eine Kombination aus Ihrem Vor- und Nachnamen, damit Ihr Wunscharbeitgeber auch weiß, wem er antwortet. Ob Ihre E-Mail-Adresse auf ».de« oder ».net« oder Ähnliches lautet, spielt dabei keine Rolle.

Jetzt sind Sie bestens gerüstet für Ihre Bewerbung im Ausland. Viel Spaß dabei!

Zehn wichtige Adressen für Ihre Online-Jobsuche

16

*I*n diesem Kapitel finden Sie interessante Online-Stellenanbieter im Überblick. So können Sie gezielt im Internet nach Ihrem Traumjob suchen. Viel Spaß dabei!

Interessant und vielseitig: jobsintown.de

www.jobsintown.de ist eine Online-Jobbörse, die Ihnen aktuelle Topjobs anbietet. Sie können nach Berufen und/oder nach Regionen Ihren Wunscharbeitgeber suchen. Mithilfe einer Schnellsuche werden Angebote nach Schlagwörtern durchkämmt und passende Stellen angezeigt. Ein Bewerberservice wird ebenso angeboten wie die neuesten Tipps und Trends der Arbeitswelt.

Bunt und edel: Jobs.de

www.jobs.de ist keine Online-Stellenbörse, sondern eine echte Suchmaschine. Viele größere Firmen und Personalberatungen nutzen diese kostenlose Präsentationsplattform, um nach Mitarbeitern zu suchen. Angezeigt werden immer die ersten 1.000 Jobangebote. Eine deutschlandweite Jobsuche ist ebenso unkompliziert möglich wie eine regionale. Jobsuchende haben die Möglichkeit, sich ihren zukünftigen Arbeitsplatz auf digitalen Karten und aus der Vogelperspektive im Google-Earth-Format anzusehen.

Stellensuche leicht gemacht mit Jobpilot

www.jobpilot.de, eine der bekanntesten privaten Jobbörsen, gehört seit 2004 zu Monster. Hier inserieren Topfirmen mit über 50.000 Stellenangeboten weltweit. Neben einem Karrierejournal gibt es zahlreiche Foren, Chats und Expertenberatungen rund um das Thema »Bewerben«. Schnuppern Sie doch mal rein!

Hier finden Sie sicher einen Job: Jobscout24

www.jobscout24.de offeriert einige Tausend Jobangebote aus vielen verschiedenen Branchen. Nutzen Sie die Links, die unterhalb der einzelnen Anzeigen stehen. Sie werden auf die Webseite des jeweiligen Unternehmens geführt und können sich hier informieren, den Job »merken« oder sich gleich bewerben.

Übersichtlich strukturiert: Jobware

www.jobware.de bietet Ausbildungsplatzsuchenden bis hin zu Führungskräften eine übersichtliche und gut strukturierte Jobsuche an. Sie finden einen Karriereservice mit vielen Informationen und Tipps. Ein Karrierejournal informiert Sie über aktuelle Karrierethemen. Wenn Sie wollen, können Sie den kostenlosen Newsletter via E-Mail abonnieren.

Das kennt jeder: Monster

www.monster.de ist wohl die bekannteste Jobbörse überhaupt. Mit sehr guten, übersichtlichen Suchfunktionen kann jeder seinen Traumjob finden. Sie haben die Möglichkeit, sich Ihr ganz persönliches »Monster«-Konto einzurichten: Hier legen Sie unter anderem Suchkriterien fest, anhand derer Ihnen per E-Mail passende Jobangebote zugesandt werden. Sie können auch Ihren Lebenslauf hinterlegen, um sich online mit Ihrem Anschreiben bei Ihrem Wunscharbeitgeber bewerben.

Spezialisten gefällig? StepStone hilft Ihnen gerne weiter

www.stepstone.de ist wie Monster ein tolles Portal, über das vor allem IT-Fachkräfte Angebote finden können. Bei StepStone sind viele beliebte Arbeitgeber vertreten. Sie können sich hier kostenlos registrieren und werden mittels Job-Agent über Jobangebote per E-Mail informiert. Ihren Lebenslauf können Sie anonymisiert hinterlegen, sodass potenzielle Arbeitgeber Sie unkompliziert über E-Mail kontaktieren können. Ein kostenloser Newsletter informiert Sie über Berufs- und Karrieretrends.

Besonders für Berufseinsteiger geeignet: www.stellenanzeigen.de

www.stellenanzeigen.bietet Fach- und Führungskräften zahlreiche regionale und überregionale Stellenangebote. stellenanzeigen.de hat es sich auch zur Aufgabe gemacht, Berufseinsteigern zu ihrem Traumjob zu verhelfen. Registrieren Sie sich mit Ihrem Lebenslauf und

Ihren Arbeitsplatzwünschen unter »mein.stellenanzeigen.de«, kostenlos versteht sich, damit Sie Newsletter und Jobangebote per E-Mail erhalten.

Immer auf dem neuesten Stand mit Jobroboter

Bei www.jobroboter.de erwartet Sie auf der offiziellen Einstiegsseite kein Suchportal, sondern eine freundliche Begrüßung mit dem Hinweis, sich über so genannte Karriereportale die Stellenangebote anzusehen. Bei Fragen können Sie sich über eine Service-Nummer an Jobroboter wenden oder über die Verlinkung der Karriereportal-Mail-Adressen auf elektronischem Wege das jeweilige Suchportal kontaktieren. Damit Sie auch das richtige Karriereportal starten, erläutert Ihnen Jobroboter auf der Einstiegsseite kurz, welche Online-Stellenmärkte Ihnen angeboten werden.

Für alle, jeden und jedes: Gigajob

www.gigajob.de hat sich auf Jobangebote für Berufseinsteiger spezialisiert. Die Stellenangebote reichen von gewerblichen über kaufmännische bis hin zu Jobofferten für Hochschulabsolventen. Teilzeitjobs sind ebenso im Angebot wie Schüler- und Ferienjobs. Eine Service-Hotline steht telefonisch von Montag bis Freitag von 9.00 bis 17.00 Uhr zu Verfügung. Damit Sie Jobangebote via E-Mail erhalten, können Sie sich kostenlos registrieren.

Stichwortverzeichnis

A